聆 听 智 者

与 C.S. 路 易 斯 相 伴 365 日

A YEAR

WITH C.S.LEWIS

【英】C.S.路易斯 著 何可人 汪咏梅 译

华东师范大学出版社

华东师范大学出版社六点分社　策划

目　录

中译本序

何光沪

一

人生在世，都追求一个"好"字——吃、穿要好，住、用要好；学习要好，工作要好；爱人要好，家庭要好；身体要好，事业要好；国家要好，社会要好……

然而，最要紧的是："自我要好"！

因为，前面那些东西的好，首先要在"自我"看来好，目的是让"自我"变得好；那些东西的好，要靠好的"自我"去判断，要靠好的"自我"去争取，要靠好的"自我"去欣赏。

我不说最要紧的是要"人好"，因为这么说时，我们常常会想要"别人"变好，而不是想要"自己"变好。可是，每一个"自我"都不好，哪里又有"人好"呢？别人能变好，自己又为何不能呢？

也可以说最要紧的是"为人要好"——设想你有一位邻居腰缠万贯、身强力壮、上下亨通、事业兴旺……人间"好事"他都占尽，可是那人却坏，为人"不好"，你和众人会作何等想法？即便是想要他那些好东西，也不想变成那个人罢？

然而，人又不是生来就会"为人"，"自我"不是生来就"好"的。所以，即令是主张"人之初，性本善"的《三字经》，也立即作了一连串修正——"性相近，习相远"，"苟不教，性乃迁"。而"教"的重要方法之一，就是与人交往，所以"昔孟母，择邻处"。因为她知道，我们大家也知道：长期与怎样的人相伴，就会受到怎样的影响。

那么，本书邀请你与他"相伴一年"的这个人，是怎样的一个人，会给你怎样的影响呢？

二

有千千万万的人、千千万万的书都可以告诉你：这个人是一个成就非凡的学者、多才多艺的作家、热情洋溢的演说家；作为牛津大学和剑桥大学的教授和研究员，他的几十卷著作包括已成学术经典的英国文学史研究、中古文学和文艺复兴研究、隐喻研究和批评理论，还包括抒情诗、叙事诗、系列科幻小说、多卷本儿童文学；他的系列电台演说、连载报刊文章、无数的散文杂论和"通俗神学"著作，不但鼓舞了当年正面对纳粹德国似乎要横扫世界的凶焰的千百万军人和普通人，而且激励了如今正面对这个世界令人百思不得其解的苦难的千百万"怀疑者"或"悲观者"。他的作品曾以每年200万册的速度销售，而且在他死后几十年间仍然以多种方式不断再版，至于以他的生活或他的事业为题材的各类著作，其数量则早已超过了他自己的著作。[①] 在英国、美国、澳大利亚和加拿大不知道路易斯，就像在中国不知道鲁迅。总之，这个人是一个早已誉满全球的天才，尽管中国大陆对他几乎没有介绍[②]。

至于他"会给你怎样的影响"这个问题，我想我要这样回答你：他会教你如何去追求那个"好"——那个"最要紧的"、人生最大和最终的"好"——自我的好，为人的好！换言之，假如你真的与他"相伴一年"，你这个人会变得更好！

如果说，读书如同与人相伴，那么，一来因为书太多，相伴者太多，就都成了点头之交、泛泛之交，对人生毫无助益，所以必须选择；二来因为书太滥，相伴者不好，反而易交"损友"上当受骗，对人生贻害无穷，所以也必须选择。

选择读 C. S. 路易斯[③]，真的是选择了一位难得的良师，一位诚挚的益友！

---

① 以他的真实爱情为题材的影片《影子大地》(Shadow Lands)也已于1994年在全球上映。

② 《中国大百科全书·外国文学卷》有几行零碎不全的介绍。而香港和台湾早已翻译出版了他的《返璞归真》等书，在港台的神学界他是无人不知，在基督教界和文化教育界也闻名已久。

③ Clive Staples Lewis (1898—1963)，港台多译为"路益师"、"鲁益士"等，自然表达了译者们的这一层感受。

三

C. S. 路易斯教人如何去追求人生最大、最终、最要紧的"好",使得从科学家到神学家、从大学教授到家庭妇女的各色人等都心悦诚服,所依靠的,不仅仅是他对世事洞若观火的慧眼、对人性入木十分的洞察,也不仅是他学富五车的人文涵养、机智优雅的言谈风格,更不仅是他富于创见的丰富想象、合情合理的清新论述——所有这些,读者都可以从手里这本小书中看到。

C. S. 路易斯之所以成为千百万人真正的良师益友,所依靠的,是他自己的亲身经历,他自己的"心路旅程",他自己的"天路历程"——正如一位中国文豪林语堂在年轻时背离基督教,长期浸淫于儒教、佛教、道教之后,最终又返老还童似地回归基督教①,这位英国文豪在九岁时为慈母的癌症"祈祷"无效,少年时代就背离了童真的基督教信仰,长期迷恋于从希腊到北欧的瑰丽神话,从星相到巫术的诡异秘术;精研了希腊语、拉丁语、法语、德语、意大利语的文学和哲学;刚获得牛津大学的奖学金不久,不到 20 岁就亲历了第一次世界大战战壕里的恐怖和自己受伤、室友阵亡的悲痛(后来他对这位战友的

---

① 参见林语堂:《信仰之旅》,新华出版社,2003 年。

母亲照料终生);以文、史、哲各科的优异成绩毕业不久,才25岁就当选牛津大学研究员(后来又当选剑桥大学研究员,先后任两校教授),开始了一个好老师、好学者、好诗人、好作家的成功生涯——这个生涯被称为"三个C. S. 路易斯",意思是他在不到65岁时去世为止,完成了三类很不相同的事业:一是杰出的牛津剑桥文学学者、文学史家和批评家①,二是深受欢迎的科学幻想作家和儿童文学作家②,三是通俗的基督教神学家和演说家③。

有论者说,令人惊讶的是,知道他在其中一个领域贡献的人,往往不知道他在另外两个领域的贡献。我想,更令人惊讶的是,他那不长的生命,至少等于三个长长的、成果斐然的生命,而且,在其结束之后,还能持续地有益于千千万万的生命,使无数的"自我"变得更好! 那肯定是一个大有天恩的生命。

四

这就要涉及前面未说完的他的"天路历程":他从少年时

---

① 代表作包括《牛津英国文学史,16 世纪卷》(*English Literature in the 16th Century*, *Oxford History of English Literature*. 1954)。
② 代表作包括《太空》三部曲"(*The Space Trilogy*, 1938—1945)和"《纳尼亚传奇》七部曲"(*Chronicles of Narnia*, 1950—1956)。
③ 代表作包括《天路归程》(*The Pilgrim's Regress*, 1933)、《魔鬼家书》(*The Screwtape Letters*, 1942)、《返璞归真》(*Mere Christianity*, 1944)、《四种爱》(*The Four Loves*, 1960)等等。

背离基督教信仰之后，除了浸淫于古希腊的戏剧、古罗马的诗歌、中世纪的传奇、清教徒的文学以及上述种种，而且还以一个怀疑论者和无神论者的心态，出入于柏格森的创化论、亚力山大的实在论、黑格尔的理念论、贝克莱的有神论等等。他在将近33岁时(1931年9月28日)终于成为真正的基督徒，在他，应是神恩通过他同密友托尔金彻夜长谈的结果；在旁人看来，当然也含有他20年来不息探求的艰辛；在我看来，更与他同两个女人的动人故事密切关联——一个是他的母亲，另一个是他的妻子。

他的童年在北爱尔兰贝尔法斯特风景如画的郊区度过。父亲是律师，母亲是一位牧师的女儿。家里每个房间都有丰富的藏书，以致于对他和哥哥来说，书本的世界同外边的世界同样真实、同样充满意义。然而家里更丰富的，是父母的爱。父母常带他们到海边度假，所以他后来不但时常写到家里的花园，而且广阔的大自然也能给他一种神秘而意味深长的欢乐——窗外的平原和远处的群山，在他看来就是"通往世界尽头的道路，就是渴望的土地，就是心灵的破碎和祝福。"[1]这"欢乐"(Joy)对他有一种极其特殊的意义，成为指向信仰之路的路标。

然而，这"童年的祝福"，突然就因母亲患上癌症而中止了。母亲接受手术时，8岁的小路易斯跪下来向上帝祷告。

---

[1] 参见他的《惊喜之旅》(*Surprised by Joy: My Early Life*, New York, 1956, p. 155)。

母亲迅速地复原了，但不久后还是去世了。路易斯后来承认，他当时对上帝并无敬畏，亦无爱心，只把上帝当成了能实现自己愿望的魔术师。所以，当他的幸福沉入大海之时，他的信仰也随之消失了。

他的妻子名叫乔伊（Joy），认识他之前已经结婚，并有两个孩子。乔伊因为被他的书感动，而在33岁时从犹太教归宗基督教，又因被前夫遗弃而离婚。路易斯同乔伊是在医院的病床边举行婚礼的，因为乔伊当时患了严重的骨癌，生命垂危。然而，令人惊奇的是，婚后乔伊竟奇迹般地康复了。他们一起去爱尔兰旅行，路易斯又写了许多书，其中包括脍炙人口的《四种爱》和《诗篇撷思》。

四年后，得知乔伊的癌症复发，他们夫妇遂与朋友一起去游历希腊，从雅典到迈锡尼，从罗得岛到诺索斯，再从意大利返回。回来不久，乔伊就去世了。路易斯写下了自己的丧妻之痛，那就是1961年用笔名发表的《卿卿如晤》（*A Grief Observed*）。他的结论是，信仰者绝不能把上帝视为达到任何目的的手段。

从他对自己和这两个女人的三个生命的反思，从他自己的"三个"生涯的旅程，我们可以看到他如何重新找到了真正的"道路、真理和生命"①。正如他在1941年的BBC广播中所

---

① 新约《约翰福音》14:6。

说的:"大多数的人,如果真正学会了深入洞察自己的内心,就会发现他们确实想要的东西,强烈渴望的东西,乃是某种在这个世界上不可能得到的东西。"①

艰难地写到这里,我突然明白:我前面所说的诸般的"好",尤其是"自我"的"好",其实也属于这一类东西,即使是三千个C. S. 路易斯,也无法给予我们!所以,所谓自我的"好",只有一个意思,那就是与他相伴,同行那天路旅程。

五

这本小书把C. S. 路易斯诸多著作中的精彩片断,精选合刊,分成365段,可供读者每日与他相伴,真可谓匠心独运,使人天天受益。为此,我们都应该感谢编者和出版者,包括为国人引介这位好旅伴的中国出版者倪为国。

前六个月的段落,由我的女儿何可人译出;后六个月的段落,由我的博士研究生汪咏梅译出。我曾期望,她们由此书的翻译而有心灵的收益。译完之后,她们都向我证实,她们的确受益匪浅。由于她们的辛劳,使更多的人,首先是我受益,我们更应该向她们致谢。

---

① *Mere Christianity*, p. 117 (Glasgow, William Collins Sons and Co. Ltd., 1976).

由于两位译者翻译之时，适逢外出求学，事务繁多，未及按计划互校；又由于出版时间拖延已久，老友倪为国为了不负朋友嘱托，不让读者久等，限时交稿，所以，只得由我妻高师宁匆匆校改了前六个月段落的译文，我们也应该向她致谢。

我应为国之请写此序言之时，参阅了余也鲁先生为《返璞归真》所写的序，尤其是参考了汪咏梅女士写的课程论文 *Joy: A Signpost, Or The Road* 和她从加拿大维真学院(Regent College)带回的许多英文复印资料，我应该向二位致谢。

但是，我相信，所有参与此项工作的人，都会感谢C. S. 路易斯，因为与他相伴是如此愉快，因为他用他的天赋和生命，给我们创作了这么好的东西，更因为他教给了我们如何更好地思考世界和人生。

因此，我不得不信服他的这句话："以天作为你的目标，你也会得到其中的地。"[1]

2006 年 2 月

于中国人民大学宜园

---

[1] *Mere Christianity*, p. 111.

附注：这篇序言交稿之后，我在飞机上读 2 月 28 日的《北京晚报》，竟然发现报道 C. S. 路易斯的儿童文学巨著、前面提到的《纳尼亚传奇》已拍成电影，而且马上会同那七卷小说一起在中国上市！报道的标题是："比《指环王》更魔幻，比《哈利波特》更儿童：《纳尼亚传奇》3 月 8 日电影小说同步上市。"报道提到了这部迪斯尼"魔幻电影"中的狮王阿斯兰隐喻耶稣，情节比《指环王》等更简洁更童真，在美国刚上映就遇到了劲敌《金刚》和《哈利波特 4》拦路，但是在票房上却成了最后的赢家，证明这部老少皆宜的"冒险片、家庭片奇幻片"有着更为广泛的观众群体。然而令人不解并惋惜的是，这一篇幅不小的报道，竟然只字不提《纳尼亚传奇》的作者名字——C. S. 路易斯！

何光沪

2006 年 3 月 2 日凌晨

于海德堡

一 月

1月1日

假如我们真的找到了他

在我们自以为孤身一人的时候，发现生命的迹象总是一件令人震惊的事。"当心！"我们喊道，"它是活的！"因此，正是在这个关键的时刻，有如此之多的人——如果我碰到这种情况，或许也就这么做了——对基督教退避三舍或是止步不前。一个"非人格化的上帝"——这个说法勉强可以接受。一个代表了真、善、美的客观的上帝，存在于我们自己的脑海中——这个说法要好一些。一种从我们身上奔涌而过的无形生命力，一种我们所能释放的巨大力量——这个说法再好不过了。然而上帝自身，那活生生的，手执绳索另一端的上帝，却或许正在神速地向我们靠近，就像猎手走近猎物，君王走近臣民，丈夫走近妻子——这与我们的想象全然不同。就是在这样一个时刻，一直在玩捉贼游戏的孩子们会突然屏住呼吸：大厅里是否真的出现了脚步声？就是在这样一个时刻，一直在玩"人找上帝"的宗教"游戏"的人们会突然彷徨退缩。假如我们真的找到了他呢？这可不是我们的本意！更糟的是，没准他已经找到我们了。

1月2日

想象一只有灵性的帽贝

许多人事先就抱有这样一种观念：无论上帝是什么样的，他肯定不会是基督教神学中那个有形有态、栩栩如生、心甘情愿而且积极作为的上帝。为什么他们会这样想？我认为原因如下：让我们假想一只有灵性的帽贝，帽贝中的圣贤，在沉醉于异象的时候瞥见了人类的身形。为了向他的弟子们表达这一形象，尽管他们也经历过一些异象（固然比他要少），他却不得不使用许多否定性的措辞。他必须告诉他们，人类没有贝壳，且既不附着于岩石之上，也不被水所环绕。而他的弟子们多少都经历过一些有助于体会这一事实的异象，因此确实对人的概念有所了解。但随后来了一些满腹经纶的帽贝，他们负责撰写哲学史并讲授比较宗教学，自己却从未经历过半点异象。因此,从那位帽贝先知的话中,他们唯独把握了那些否定句。在没有任何正面见解加以矫正的情况下,他们从中建立起这样一幅画面:人就是一种软绵绵的水母(没有贝壳),不生存在任何特定的地方(不附着于岩石之上),且从不摄取任何养料(不会有水流送来食物)。出于在传统上对于人的敬畏,他们断言,在广袤的虚空中做一只挨饿的水母就是存在的终极模式。任何一种将明确的形态、架构和器官赋予人类的教义,都被他们视为粗鄙和物质至上的迷信思想。

1月3日

脱下这个,乃是为了穿上那个

我们自己的情形恰如那些满腹经纶的帽贝。伟大的先知和圣贤对于上帝都有一种直觉,一种完全正面的、具象的直觉。因为对上帝的存在哪怕仅仅是窥豹一斑,他们也已经明白,上帝即是整全的生命、力量和喜悦。因此(而别无他由)他们必须宣称,上帝超越了人的诸多局限性,包括我们所说的个性、激情、变化和物质性,凡此种种。上帝的正面属性与这些局限毫不相容,而这一正面属性,恰是所有否定性立论的唯一基础。但当我们做着狗尾续貂的工作,试图建构起一个理性或是"开化"的宗教时,我们便把这些否定性措辞(无限的、非物质性的、无欲念的、不可改变的)全盘端来，未经过任何正面直觉的修正就肆意使用。在每一步建构中，我们都必须将某些人类的属性从对上帝的观念中剔除出去。但剔除人类属性的唯一理由，是要为一些正面的神圣属性挪出地方来。借用圣保罗的话，脱下所有这些，并不是要使我们对上帝的观念变得"赤身露体"，一无所有，而是为了穿上别的[①]。但不幸的是，我们怎么也穿不上了。当我们为上帝去掉一些微不足道的人类特性之后，与那些渊博或睿智的帽贝一样，我们便智穷才尽，再也无法表达出神性那种令人眩晕的真实和有形，去填补这一缺口。这样一来，在一步步的提炼过程中，我们对上帝的观念便愈发贫瘠，最终只落得一幅可悲的画面(一片无边的死海，一片远离星辰的空旷天空，一片散发着白光的苍穹)。最终，我们所得到的仅仅是零，我们所崇拜的也仅仅是一无所有。

1月4日

尝一尝，看一看吧！

基督教通常认为，只有照上帝的旨意行事的人，才会懂

[①] 参见《哥林多后书》5∶4——"我们在这帐篷里叹息劳苦，并非愿意脱下这个，乃是愿意穿上那个，好叫这必死的被生命吞灭了。"——本书注释均为译注，下略。

得真义,这个说法在哲学上是正确的。想象力多少会有点帮助。但是在道德生活里,尤其是在属灵生活中,我们都能感觉到一些实实在在的事情,它们能够立即纠正我们上帝观中日益增长的虚空。即使是一丝无力的悔意或是模糊的感激,至少在某种程度上,都会阻挡我们跌向抽象主义的深渊。正是理性自己告诉我们,唯独在这件事上我们不可倚赖理性。因为理性自己知道,她不可能脱离物质而工作。当你清楚地明白,仅仅依靠推理,你不可能知道猫咪是否藏在衣柜里时,正是理性在低语:"走过去看看吧。这事我可管不了:全要靠你的感觉了。"所以你看,理性无法提供可以纠正那种抽象上帝观的材料。她反而会头一个告诉你,去运用你的感觉——"尝一尝,看一看吧!"①因为她必会向你指明,你现在的立场是何等荒唐。只要我们依旧是些满腹经纶的帽贝,我们就会忘记一个事实:如果没有人比我们更清楚地见到过上帝的形象,我们甚至都没有理由去相信上帝是非物质的、不可改变的、无欲念的,以及其余所有的说法。甚至那些在我们看来是如此明智的否定性知识,也不过是更高明之士的正面知识所留下的遗迹——不过是神圣的浪花退去时留在沙滩上的一个图案。

---

① 参见《诗篇》34:8,全句为"你们要尝尝主恩的滋味"。

善的敌人

有人说，如果存在着这样一位上帝，一种非人格化的、绝对的善，那你一定不会喜欢他，也不会为他伤脑筋。这种说法毫无意义。因为棘手的是，你自己就有一部分站在他那一边：他憎恶人类的贪婪、狡诈和剥削，而你也真切地表示同意。你可能想要他为你开个特例，暂且放过你这一次；但是你在内心深处明白，除非这世界背后的力量对于此类行为抱有真实而坚定不移的憎恶，否则他就不会是善的。另一方面，我们知道，如果存在一种绝对的善，那它一定会痛恨我们大部分的所作所为。这就是我们所处的可怕困境。如果宇宙并非由绝对的善所掌管，那我们一切的努力最终都将付诸东流。但如果答案是肯定的，我们却每天都在使自己变成那位良善的敌人，而且每天都并不比前一天有所改进，因此我们的处境仍旧是无望的。我们没有它就不行，有了它还是不行；上帝是唯一的安慰，又是最大的恐怖；他既是我们最需要的人，也是我们最想躲开的人。他是我们唯一可能的盟友，而我们却又使自己成了他的敌人。有些人说起绝对良善的叩问，就像在谈论一件好玩的事。这些人真该三思。他们仍旧只将宗教视为儿戏。良善既是最好的避风港，又是最危险的悬崖——到底是哪一个，取决于你做出反应的方式。而我们的反应通常都是错的。

1月6日

一种令人愉快的神学

为什么很多人认为创化论[①]非常具有吸引力？原因之一在于，与信仰上帝相比，它给予我们的情感安慰一点不少，带来的结果也丝毫不会令人不悦。当你感觉身体舒适，阳光明媚的时候，如果你不愿相信整个宇宙只是众原子的机械舞蹈，那么，想象这股伟大而神秘的力量世代奔流不息——而你正处于它的巅峰——是件蛮不错的事。另一方面，如果你想做些不大光彩的事，这股生命力——仅仅只是盲目的生命力，既没有道德也没有心智——则从来不会像我们儿时所知的多事的上帝一样来干预你。这样的生命力是个百依百顺的上帝。你需要的时候它招之即来，但又从来不会惹你心烦。它能带来宗教的兴奋感，但从不索取信仰所需的代价。这种生命力真是迄今为止世界上最了不起的如意算盘！

1月7日

一派胡言

如果你并不认真看待善恶之间的区别，那么你就能轻易

---

① 原文为 Creative Evolution，创造性的进化。该理论最早由法国哲学家柏格森提出，他认为存在就是宇宙生命力永无止境的创造发展过程。

地说，这世上的一切都是上帝的一部分。然而，毫无疑问，如果你认为某些事确实是邪恶的，而上帝确实是至善的，那么你就不能这样说了。你一定会相信，上帝与世界完全是两码事，而我们在世间所见的许多事情都违背了他的意愿。面对癌症或贫民窟，泛神论者会说："如果你仅从一种神圣的角度去看待它，你会意识到这也是上帝。"而基督徒会回答："这是一派胡言。"要知道，基督教是个勇敢的宗教。它认为是上帝创造了世界——空间和时间，热和冷，所有颜色和味道，一切动物和植物，都是上帝"在头脑中想出来的"，就像一个人编故事一样。但它同时也认为，就在上帝所创造的世界里，已有大量事物逐渐败坏，但上帝一再坚持，而且是非常坚决地强调，我们应该纠正这些败坏。

1月8日

更高的境界

我想，所有的基督徒都会赞同我这样的观点：尽管基督教起初看上去完全是关于道德、职责、律令、罪恶和美德的宗教，但它会引导你继续向前，超越所有这些，从而进入一个更高的境界。在那里你会瞥见一个国度，生活在其中的人从来不谈道德之类的事情，除非作为玩笑。那里的每个人都充满了我们所说的良善，就像镜子溢满了亮光。但他们从不把它称作良善，他们从不将它称作什么，他们根本就不去想它。他们都只顾着去看它由其所自的那个源泉了。不过，在信仰之路上，这个国度已经超越了世界的边缘，没有谁的眼睛可以看得比这更远了。当然，仍有许多人比我所看到的更远。

1月9日

那人是谁？

关于那人的存在（隐藏在道德律背后的那人），我们有两条证据。其中之一是他所创造的宇宙。如果我们将其作为唯一的线索，我想，我们就必须下结论说，他是个伟大的艺术家（因为宇宙是个绝美的地方）；但同时，他也是残忍无情，与人为敌的（因为宇宙也是非常危险和可怕的地方）。另一条证据则是他放入我们头脑中的道德律。这个证据要优于第一个，因为它是一种内在的知识。你了解上帝更多地是通过道德律，而不是通过普遍意义上的宇宙，正如你了解一个人更多地是通过倾听他的谈吐，而不是通过观察他所建造的房屋。

大家过得都不错

说到上帝的善，今天我们几乎专指上帝的爱；在这一层面上此言不虚。而说到爱时，在上述语境中，我们大多数人的意思是指仁慈——即乐于看到他人快乐胜于自己快乐；不是林林总总具体的快乐，反正就是快乐。真正令我们满意的乃是这样一个上帝，我们乐意做什么，他就碰巧提到什么，"只要他们觉得满意，又有什么关系呢？"事实上，我们想要的与其说是一位在天之父，不如说是一位在天的老祖父——一个老态龙钟的好心人，就像人们常说的，"喜欢看见年轻人过得开心"，而他对于宇宙的计划不过就是"大家过得都不错"，就像人们在一天结束时确实可以说的那样。我承认，很多人都不会用我的原话阐述出这样一套神学理论，但是很多人心中都潜伏着类似的观念。我并未声称自己是个例外：我个人也非常喜欢生活在一个由这些原则驾驭的宇宙里。然而勿庸置疑，我并非生活在这么一个宇宙里；尽管如此，我仍有理由相信上帝就是爱，因此我便断定，我那关于爱的观念需要更正。

远远不只是仁慈

爱里确实包含着仁慈,但爱和仁慈并不是一回事;而当仁慈(在上文所述的语义上)与爱的其他要素相分离时,它对其对象就会抱有某种根深蒂固的漠视,甚至是某种蔑视。仁慈会使人轻易除掉它的对象——我们都遇到过这样的事:人们对动物的仁慈之心反而使得他们干脆杀掉动物,以免它们痛苦。仁慈,仅就其自身而言,只在意它的对象是否能逃脱痛苦,却并不关心它会变好或变坏。正如《圣经》所指出的那样,只有私生子才不受管教;将要继承家庭传统的合法嗣子却要受到惩罚①。只有对那些我们并不在意的人,我们才会无条件地提供快乐。而对朋友、爱人和孩子,我们却十分苛刻,宁愿看到他们受苦,也不愿看到他们过着可鄙而自利的快乐生活。如果上帝是爱的,那么从定义上讲,他就远远不只是仁慈的。从所有的记载中都可以看出,尽管他常常训斥我们,谴责我们,但他从不轻视我们。他对我们的爱是一份令人无法忍受的礼物,因为他的爱是最为深沉,最具悲情,同时也是最有原则的。

---

① 《希伯来书》12:8 的原文为:管教原是众子所共受的,你们若不受管教,就是私子,不是儿子了。

何等奇妙的爱!

当基督教说上帝爱人时,它的意思是上帝**喜爱**人:这不是说,因为确实与之无关,他才会"无私地"关心我们的幸福。而是说,我们确实是他爱的对象——这是一种令人敬畏和震惊的真实。你想要一个爱的上帝,而你已经有了。你不经意间召来了一个伟大的精神存在,一个"面目可畏"的上帝,而现在他就在眼前:他不是个老态龙钟的好心人,糊里糊涂地希望你随心所欲,心想事成;不是个一**丝**不苟的长官,摆出一副冷冰冰的慈悲面目;也不是个好客的主人,一心只想让客人们自在舒适;他就是那熊熊燃烧的火焰,那创世的爱——像艺术家珍爱他的作品一样恒久,像主人爱他的狗儿一样专横,像父亲爱他的孩子一样深谋远虑、令人起敬,像男女之爱那样嫉妒、偏执而苛刻。我不知道这该是一种怎样的爱:理性已经无力解释为什么任何造物,更别提像我们这样的造物,在造物主的眼里竟然贵若珍宝。这无疑是一份荣耀的重担,它不仅超越了我们之所值,更超越了我们之所欲——除了在偶得恩典的时候。我们就像那些古老传说中的少女,总想抗拒宙斯的爱。然而这爱的事实似乎已成定局。

天上的战争

《魔鬼家书》是一部虚构的通信录①,在这封信中,私酷鬼试图解释他们的"敌人"(上帝)与所有魔鬼的"父王"撒但之间的大争论——

他到底要把他们变成什么人呢? 这个问题正是父王与"敌人"相争的导火索。早在当初提议创造人类的时候,那位死敌就坦陈,他已预见到一个有关十字架的事件,我们的父王自然想问个明白。可"敌人"却什么也不回答,胡诌说什么一直以来他都在散布一种无私的爱。我们的父王当然无法接受这种回答。他恳求"敌人"亮出底牌,还承认自己确实对那个秘密望眼欲穿。而那位死敌却回答说:"我倒真心希望你这样想呢。"我猜,就是在这次会面的节骨眼上,父王对这种毫无由来的不信任感到恼火,干脆一走了之。他的出走十分突然,还引来了一个有关"敌人"的可笑故事,说父王是被生生赶出天堂的。打那以后我们就开始明白,为什么我们的压迫者会这样三缄其口——他的宝座就押在这个秘密上呢。和他一伙的人都经常承认,如果我们终于明白他说的爱是什么意思,这场

① 这是路易斯最出名的"通俗神学"作品之一。作品形式为老魔鬼"私酷鬼"给小魔鬼"瘟木"的一系列信件,当时小魔鬼正与"敌人"恶斗,要争夺一位虔诚信徒("病人")的灵魂。

战争就会结束,我们就会重归天堂。事情的症结就出在这儿。我们都知道他没法真的去爱,因为没人能做到这点——这压根儿就没有意义。要是我们能发现他到底在搞什么鬼就好了!

浑浊的形象

如果你最终认识了上帝,主动权也是在他那一方的。如果他不显示他自己,你无论做什么也找不到他。事实上,他向一部分人显示自己,比向另一部分人要多得多——这并非因为他有所偏袒,而是因为,他不可能向一个心智败坏、性格扭曲的人显示自己。这好比阳光固然没有偏好,但它反射到肮脏的镜面上,却远没有在清洁的镜面上那样清晰。

你也可以换一种说法:在其他科学领域里,你所用的工具是外在于你自己的(比如显微镜和放大镜),而你用来观察上帝的工具则是你完整的自我。如果一个人的自我不能保持清洁明亮,他所看到的上帝就是浑浊的——就像透过一架不干净的望远镜观察到的月亮。正因为如此,不义的民族会有不义的宗教:他们一直在透过污浊的镜片观察上帝。

我们至高的行动

如果世界存在并非主要为了让我们去爱上帝,而是为了让上帝来爱我们,那么,他爱我们这一事实,在更深的层面上,也是为了我们的缘故。上帝自身并无任何匮乏和需要,但他却选择去需要我们,这乃是因为我们需要去被人需要。正如我们从基督教信仰中所知的那样,在上帝与人之所有关联的前前后后,白白给予的神工就如千尺渊潭一样莫测高深——它将人从微不足道的汲汲营营之辈,拣选为上帝所钟爱的子民,并因此(在某种意义上)成为上帝所需要,所想望的子民。除了这样的作工,上帝本来是一无所需,一无所盼的,因为他永有并且永是全部的善。而这样的作工乃是为了我们的缘故。对于我们来说,了解爱是一件好事,而了解至上者即上帝的爱,则是最好的事情。但如果我们认为,在这种爱中,我们主要是追求者,而上帝是被追求者;我们是在寻找,而他是被寻找的对象;这其中第一位的事是他满足我们的需求,而非我们满足他的需求,那么,这种对爱的理解就完全颠倒了事情的真相。因为我们仅仅是受造物而已:我们相对于上帝的角色,必须如同被动者相对于主动者、女性相对于男性、镜子相对于光芒、回声相对于声音。我们至高的行动乃是回应,而非主动有所作为。因此,要真实而非虚幻地体验上帝的爱,就是要使我们自己臣服于他的意旨，遵从他的意愿：反其道而行之，在某种程度上，就是对存在之道的大谬不然。

1月16日

我们对上帝的三种回应

上帝并非只是按照自己的意愿将我们塑造成这样，以便成为我们唯一的良善。毋宁说，上帝还是所有一切造物的唯一良善。每个造物都必须在上帝的成就中找到自身的良善，而这成就是与其自身特性相符的。根据造物之特性的不同，成就的种类和程度可以有所不同；但要说除此之外还有别的良善，那就是一个无知无畏者的妄想了。在我现已找不到出处的一段话中，乔治·麦克唐纳借用上帝的口吻对人们说："你们必须因我的力量而坚强，因我的赐福而得福。因为我别无它物可以给你们。"这就是整件事情的结论。上帝给予的是他所有的，而不是他所没有的；他给予我们真实存在的幸福，而不是虚妄缥缈的幸福。世界上只有三种存在的方式：作为上帝而存在——像上帝那样存在，并在造物的回应中分享他的良善——以及可悲的存在。如果我们无法学会去食用这个宇宙所能结出的唯一的果实——任何可能的宇宙所能结出的唯一果实——那么我们就要恒久地忍受冻馁。

永远是现在

任何一个信仰上帝的人都相信,上帝知道你我明天会做些什么。但如果他知道我会如此这般行事,我怎么还会有做其他事情的自由呢?在此我们又一次重蹈覆辙,想象上帝和我们一样都在时间的长流中行进:唯一的区别在于他可以预见,而我们不行。好吧,如果事实就是如此,如果上帝能够预见我们的行动,那么确实很难理解,我们竟还有不去行动的自由。但如果上帝是高高在上,超越了时间长河呢?那样一来,他能看见我们所说的"明天",就像看见我们所说的"今天"一样。所有的日子对他而言都是"现在"。他不会记得你昨天在做某事,他只会看见你正在这样做,因为尽管你失去了昨天,他却不会失去。他不会预见你明天在做某事,他只会看见你正在这样做,因为尽管对你而言明天尚未到来,对他而言却已经来了。你从来不会认为,由于上帝知道你正在做的事,你当前的所作所为就变得不那么自由。其实,他知道你明天会做的事,也是一样的道理——因为他已经在明天了,并且就在注视着你。在某种意义上,他要到你确实做完某事之后才会知道你的行动:但是你所完成的那个时刻,对他而言已经是"现在"了。

仅仅是一张彩色的纸吗？

记得一次我在英国皇家空军(RAF)做演讲时,一位倔犟的老军官站起来说:"那一套对我没有用。但你要知道,我也是有信仰的人。我知道有一个上帝,而且我曾经感觉到他——那是晚上一个人呆在沙漠里的时候:真是不可思议的神秘。所以我才不相信你那些关于他的讨巧的小教条和小套话。对任何曾遇到那真实景象的人而言,它们都太琐碎,太迂腐,太虚假了!"

在某种意义上,我很赞同他的话。我想他确实可能在沙漠里体验到了上帝。而当他从那体验中回过神来,转向基督教的信条时,我认为他确实是从某个真实的事物转向了另一个不那么真实的事物。与此类似,如果一个人曾在海滩上看到了大西洋,回过头去再看大西洋的地图,他也是在从某个真实的事物转向另一个不那么真实的事物:从真实的海浪转向一张彩色的纸而已。然而问题的关键就在于此。这份地图诚然只是一张彩色的纸,但你要记住有关它的两件事。其一,成千上万的人曾在真实的大西洋上航行,而这张地图正是基于他们的探索发现才得以绘制。在它身后有着数不胜数的经历,每一个都和你在海滩上的经历一样真实;况且你所经历的只是简单的一瞥,而这张地图却汇集了所有不同的经历。其二,无论你想要去哪里,这张地图都是不可或缺的。只要你仅仅满足于漫步沙滩,亲自眺望就远比研究地图来得有趣。但如果你不想仅仅漫步沙滩,如果你想要到美洲去,那么这张地图就大有用途了。

1 月 19 日

无图之旅

可以说,对上帝的思考就像那张地图。如果你仅仅止步于学习并思考基督教教义,那么我这位朋友在沙漠中的经历自然就比这更真实、更精彩。教义毕竟不是上帝:它们只是某种地图。但这张地图却是基于千百人的经历绘制而成,而他们确实都曾接触到上帝。与这些经历比起来,你我依靠自身有可能获得的那种兴奋和虔敬之情,就显得非常幼稚和混乱了。此外,如果你想走得更远一些,就必须使用这张地图。你看,那个人在沙漠里经历的事情可能是真的,并且毫无疑问令人兴奋,但他从中一无所获。这件事就此打住,关于它再没有什么好做的。事实上,一些含糊其辞,提倡在自然中感受上帝的宗教之所以引人耳目,就是这个原因。它带来的全然是兴奋,却毫无功效:就像站在沙滩上眺望海浪一样。这样研究大西洋,你可永远也到不了纽芬兰;仅仅在花朵或音乐中感受上帝的存在,你也无法得到永恒的生命。只看地图却不去航行,你就哪儿也去不了。同样,没有地图就去航行,你也不可能远离灾祸。

真相渐白······

当神学上讲到赐予基督徒和早先犹太人的特殊启示时,它同时也提到,有一种赐给全人类的神圣启示。我们被告知,这一神圣的光辉"照亮了每个人"。因此我们有理由期待,即便在伟大的异教导师和神话作者的想象中,也可以发现同一主题的某些痕迹,而我们都相信,那个主题正是整个神人故事的主要情节——有关道成肉身、死亡和复活。而这些异教的救世主(巴尔德尔①,奥西利斯②等等)与耶稣自身的区别,也是我们应期待去发现的。异教的神话不外乎讲述某个人死而复生,要么是年年如彼,要么从没有人知道他在何时何地死而复生。而基督教的故事讲述的是一个历史上的人物,我们可以相当精确地追溯他受死的日子,判他死刑的罗马地方官有名有姓,而他所创建的团契与他的关系从未间断,直至今天。

---

① 北欧神话中的光明、和善、智慧之神。
② 古埃及的冥神和鬼判。

这两者的区别不是假想与真相之间的区别。这两者的区别仅在于，一方是真实的事件，而另一方是对同一个事件的一线梦想与预示。这正如观察某物逐渐聚焦清晰的过程。起先它悬垂于神话和仪轨的云雾中，不着边际而模糊不清，但随后它开始凝聚，变得坚实可触，在某种意义上甚至变小。发生在公元一世纪巴勒斯坦的那个历史事件就是如此。

1月21日

从诗般的神话到浅俗的事实

所有这一切的本质含义，就源自从神话的"天上"回落到历史的"人间"的过程。在这样做的时候，神话牺牲了自身的荣耀，正如基督牺牲他的荣耀而屈尊为人。这恰恰可以解释一个事实，即神学远未用高雅的诗歌来打败它的对手，在表面然而却是相当真实的意义上，它确实不如它们那样富有诗意。就此而言，这也是《新约》不如《旧约》那样具有诗意的原因。在教会中你是否曾有过这样的感觉，如果第一课属于鸿篇巨制，那么相比之下，第二课就颇有些不够分量——甚至可以说，有些枯燥无味？然而事情就是如此，也必须如此。这是一种屈尊俯就，是神话屈尊降为现实，是上帝屈尊降为人；原先是永恒且无所不在、无形且不可名状，只有在梦境、象征和仪规的诗剧中才能略见一斑的事物，逐渐变小，变得具体可触——仅仅变成一个可以在加利利湖的行船里安然入睡的普通人。尽管如此，你仍然可以说，这是一种更为深沉的诗歌。我不会反驳你。屈尊俯就带来了一种更伟大的荣耀。然而，上帝的屈尊俯就，以及神话之内敛或凝聚成为现实，也全都是千真万确的。

1月22日

上帝的救赎

上帝做了些什么呢？首先，他给予了我们良知，即分辨善恶的感觉：历代以来都有人试图违背它（有些人为此想尽了办法）。但他们谁都不是很成功。其次，他给予人类一种我所说的美好的梦想：我是指广布于异教中的那些奇特的故事，它们全都有关一位死而复生的神明，通过他的死给予人类新的生命。第三，他选了一个特定的民族，用了数百年的时间向他们反复强调，他究竟是一位什么样的神——告诉他们他是唯一的神，以及他重视他们正确的操行。这个民族就是犹太人，《旧约》记录了这一再三叮咛的过程。

真正震撼的一幕发生在后面。在这些犹太人当中突然出现了一个人，他四处游说，讲起话来好像个神明。他宣称要赦免人的罪，他说他是亘古永生的，他还说将要在最后的时刻审判这个世界。现在让我们把这件事搞清楚。在泛神论者当中（印度人就是这样），任何人都可以声称他是神的一部分，或者与神同在——这丝毫不足为奇。但作为一名犹太人，这个人不可能意指这样一种上帝。在犹太人的语言里，上帝意味着世界之外的存在，他创造了世界，和任何事物都全然相异。如果你领会了这一点，你就会明白，这个人所说的，实在就是人类口中所能说出的最耸人听闻的话。

倚赖权威

通过三件事情可以将基督的生命传递给我们：受洗、信仰以及一个被不同基督徒冠以不同名称的神秘举动——圣餐礼、弥撒或称领圣体。此三种办法至少还是比较常见的……

我自己无法理解，为什么这些事情就该是我们新生命的向导……但尽管我不知道为什么应该这样，我却能告诉你为何事情会是这样（当然是我的看法）。我已经解释过，为什么我相信耶稣曾是（并且就是）上帝。他教导他的追随者用这样的方式去交流新的生命，这在历史上是明白无疑的事情。换句话说，由于他的权威，我相信有这么回事。别被"权威"这个词吓倒。倚赖权威而相信某事仅意味着，你相信它，只是因为它出自一位你认为可信的人之口。你所相信的事情，百分之九十九都是因为相信权威。我相信有这么一个地方叫做纽约。我自己没有亲眼看到过它，我也无法通过抽象的推理证明它一定存在。我相信它存在，是因为可靠的人曾经这样告诉过我。普通人也都因为倚赖权威，才相信有太阳系、原子、进化论和血液循环——因为科学家是这么说的。世界上每一个历史记载都因为权威而被相信。我们没有人见过诺曼人的征服或是无敌舰队的败北。我们也没有人能用纯粹的逻辑证明它们，就像做数学证明一样。我们之所以相信它们，就是因为确实经历过那些事的人留下了文字记载，如此这般地告诉了我们——事实上，我们就是在依赖权威。如果一个人在其他事情上面对权威逡巡不前，就如某些人在宗教上的做法一样，那他将毕生止步于一无所知。

1 月 24 日

寻找安逸

我所做的一切，就是要求人们正视现实——要理解基督教宣称可以回答的问题。而这是一些非常可怕的事实。我希望可以说一些更加中听的话，但是我必须说出我认为是真实的话。毫无疑问，基督教最终会带来无可名状的安逸，我十分赞同这种说法。但它绝非始于安逸，而是始于我一直在描述的某种绝望。未先经历这种绝望就想直接获得安逸，完全是徒劳。在宗教里，正如在战争中以及其他所有的事情中一样，安逸不是依靠单单寻找就可以获得的。如果你寻找的是真理，你最终可能获得安逸：但如果你寻找的就是安逸，那你既得不到安逸也得不到真理——开始只能得到恭维奉承和痴心妄想，最终剩下的只有绝望。

1 月 25 日

我们无法编造的事

以我的经验看来，真相除了复杂，往往也是异乎寻常的。它并不简单明了，并不显而易见，也并不如你所想。举例来说，当你了解到地球和其他行星都围绕太阳运转时，你会很自然地设想，所有的行星都是协调相配的——例如，每个行星相隔的距离都相等，或者成比例地递增，要么所有行星的大小都相等，或者按照离太阳的远近依次变大或变小。事实上，你会发现，它们的距离和大小完全无章可循。而且它们当中有的有一个卫星，有的有四个，有的则有两个，其他一些没有卫星，有一个行星还有光环。

事实上，真相往往是你无法预料到的。这也是我信仰基督教的原因之一。这是一个让你无法预料的宗教。如果它提供给我们的世界和我们长期的设想完全一致，我就会觉得，这宗教完全是我们编造出来的。然而，它不是任何人可以编造出来的那种东西。它恰恰具有那种峰回路转、柳暗花明的特征，这是所有真实的事物都具备的特征。

1月26日

不像河流，而像树

在我们居住的世界，所有的道路并非是一个圆圈的半径，不能说如果它们延伸得足够长，彼此就能越走越近，最终于中心处汇合。毋宁说，在这个世界上，每条道路蔓延几英里之后就会分为两条，每一条分支继续分为两条，而在每一个岔路口你都必须做出选择。即便是在生物学的层面上，生命也不像一条河流，而像一棵树。它不会走向统一，而是远离统一，所有的造物在趋向至善之时都是越分越远。良善愈是成熟，与邪恶就愈加背道而驰，与其他的善也愈加分道扬镳。

为善

即使是世界上最好的人也不能凭一己之力行事——他只是在滋养或保护他的生命，而这一生命不可能依靠他自己的努力获得。这事有着实质上的前因后果。只要自然的生命还存于你体内，它就会尽一切努力修复这个躯体。修修补补，在一定程度上身体就会痊愈，而死去的躯体就没法这样做。一个有生命的身体不可能从不受损，但它可以在某种程度上修复自身。同样，一个基督徒也不是从不犯错的人，但是他能够忏悔，能够重振旗鼓，能够在每次失足之后重新开始——因为基督的生命在他的里面，自始至终都在修复他，使他有能力不断地（在某种程度上）战胜自然的死亡，正如基督自己所实现的那样。

基督徒与其他想要行善的人之所以大相径庭，就是这个原因。那些人想要通过行善来取悦上帝——如果有上帝的话；或者——如果他们认为没有上帝——至少也希望从好人那里获得应得的赞许。但基督徒认为，他所做的任何善行都来源于他体内的基督生命。他并不以为，因我们为善，上帝就爱我们，而是因上帝爱我们，才使我们为善。这就像一个温室的屋顶，不会因为明亮而吸引光线，而是因为太阳的照耀才变得明亮。

寻找平衡

对于如何利用病人的低潮时期,私酷鬼想出了高明的办法:

但是,甚至还有一种更好的办法去利用这种低谷期;我的意思是,要借助病人自己对此的想法。和往常一样,第一步就是不能让他的脑子里有任何知识。不能让他察觉到事物都有高低起落的规律。让他以为,他皈依基督教后最初的热情有待一直持续,并且应该一直持续,直到永远。同时也让他断定,他眼下的低落状态也是同样的绵绵无期。只要让这个错觉在他的脑子里生根,你就有好几种办法着手下一步。具体该如何行事,要取决于你这个对象的类型——他究竟是那种意志消沉、极易陷入绝望的人,还是那种一厢情愿、自欺欺人、认为一切都好的人。第一种类型的人已经越来越少了。如果你的病人碰巧属于这种人,你只要让他躲开那些经历丰富的基督徒(这在今天是轻而易举的事),引导他去看经文中某些合适的段落,然后再让他开始一个孤注一掷的计划,就是单凭纯粹的毅力去恢复他旧有的感觉,那么我们就赢定了。如果这个人属于心怀希望的那种人,你的任务就是要使他默认眼下的低落情绪,逐渐安于这种状态,并自我安慰说,归根到底这也算不上特别低落。不出一两个星期,你就会让他怀疑,自己刚开始皈依的那些日子是否有点热情过火了。告诉他"万事万物的中庸之道"。如果你能使他走到那步,认为"在一定程度内,宗教都还是蛮不错的",你就可以为他的灵魂感到欣慰了。对我们来说,中庸的宗教和毫无宗教一样地好——前者还更加有趣呢。

口误

"上帝啊,所有信赖你之人的保护者,离开了你,没有任何事物可以坚强,也没有任何事物可以圣洁——请把你的仁慈多多地赐给我们;这样,通过你的治理和引导,我们就可以度过纷扰的现世,最终也不会丧失永恒的一切。天上的父啊,为了我主耶稣基督的缘故,请你应允我们。阿门。"

以上是三一主日①过后第四个星期日专用的短祷文。前不久,当我将它用于个人的祷告时,我发现自己出了一个口误。我本想祈祷的是,请让我度过纷扰的现世,最终也不会丧失永恒的一切;而我发现我实际祈祷的是,请让我度过纷扰的永恒,最终也不会丧失现世的一切。当然,我并不以为口误就是罪过。我不能肯定自己是一位严格的弗洛伊德信徒,相信

① 基督教节日。圣灵降临节后的星期日,基督徒为敬畏上帝三位一体而守此节。

所有的差错无一例外都具有深层的含义。但我认为，某些差错确实是有意义的，而这个口误就是其中之一。我想，我无心说出的话很有可能表达了我真实的愿望。

很有可能，当然不是确定无疑。我当然不会傻到如此程度，以至于认为永恒可以在严格的意义上被"度过"。我一方面想要去度过，另一方面又希望无损于现世的东西，乃是我为了永生，直面永生而专心祈祷的时辰或时刻。

1月30日

小心翼翼，寸步难行

我所指的是这样一些事情：我做祷告，阅读灵修书籍，准备或接受圣餐。但当我做这些事情时，恕我直言，我内心里总有个声音在劝我要有所防范。它告诉我要小心，要保持冷静，不要做得过火，不要自绝后路。我诚惶诚恐地进入上帝的临在，唯恐在此临在中发生一些事情，会在我回到"日常"生活的时候显得别扭难忍。我不想被任何日后就会反悔的决心冲昏了头脑。因为我知道，只需一顿早餐的功夫我就会改变主意。我不想让圣坛上发生的任何事情随后变得难以承担。举个例子，在圣坛上时，我将本性的仁厚看得很严肃，因此在早餐之后，我不得不撕掉一封措辞激烈的信——此信是昨天回复一个厚颜无耻的来信者，并且打算在今天就寄出的——这实在是让人不快的事情。同样地,用一个节欲的计划限制自己,必须戒掉早餐后抽烟的习惯(或者做一个残酷的改变,一直等到上午晚些时候再抽)——这也实在是让人厌倦的事情。甚至是忏悔过去的行为也要付出代价。通过忏悔,我们承认它们是罪——因此不应该去重蹈覆辙。不过这点也很难做到,最好还是将这些问题悬而不决。

所有这些防范的根本原则都并无二致:都是为了维护凡俗的利益。

维系现世生活的救命索

这就是我所受的诱惑,无穷无尽而又周而复始:我下到海里去(我想圣十字约翰①曾把上帝比作大海),既不潜水、游泳,也不浮水,只是涉水戏水,小心翼翼以免被水没过头顶,并且紧握救命索不放,因为是它将我和我在现世的利益连接在一起的。

这种诱惑,与我们刚开始基督徒生活时所受的诱惑截然不同。那时我们心怀抗拒(至少我是如此),完全拒绝承认关

---

① 中世纪的基督教神秘主义者。

于永恒者的种种说法。而当我们抗拒过后被打败、最终屈服的时候，我们便以为，接下来的航行将是一帆风顺的了。第二种诱惑来得较迟。它针对的是那些在原则上已经承认上述说法，甚至正在努力去符合其要求的人。我们受到的诱惑，就是要急切地寻找能够被接受的最小代价。事实上，我们很像那些诚实而又心怀不甘的纳税人。在原则上，我们赞成交纳所得税。我们也确实交出了自己的那一份。但我们害怕税率增高。我们小心行事，唯恐在限额以外多交一分钱。此外我们还希望——非常热切地希望——交了税之后还能剩下足够的生活花销。

二 月

2月1日

不如去上游泳课

要注意,试探者在我们耳边低声说出的那些有所防范的话,都是貌似有理的。事实上,我并不认为他常常用弥天大谎来欺骗我们(尤其当我们不再年少时)。这种貌似有理的谎言大体如下。被宗教感情冲昏了头脑是非常可能的事——我们的先人称之为狂热。它确实会使我们执迷于某种决心或立场,而对此我们会有理由感到后悔。这后悔并非出于罪恶而是出于理性,且比起忙于世故的时候,我们更易在神志清醒的时候感到后悔。我们有时会有所顾忌,有时又会不顾一切;有时,我们表面上的热情确实就是自以为是,而在这种热情中,我们还常会热衷于自己分外的事。此为这一诱惑中真实的部分。而个中的谎言则在于,它告诉我们,精明地看管我们的口袋、恶习和野心，就是对自己最大的保护。然而这是大谬不然的话。我们应该在别处寻求真正的保护：应该在普通的基督教行为标准中、在道德神学中、在坚持不懈的理性思考中、在良书益友的指导中，以及在一位经验丰富的精神导师身上寻找。游泳课可比一条拴在岸上的救生索好多了。

2月2日

请为我自己留一点

上帝从不要求我们付出很多时间或精力，更不要求我们付出全部的时间和精力，他要求的是我们自己。施洗者约翰的话对我们每个人都是真理："他必将兴旺，而我必将衰微。"①对于我们一而再、再而三的过犯，他的仁慈是无限的。但我知道，他从不承诺去接受一种故意的妥协。因为最终，他不能给我们别的东西，除了他自己。只有当我们放下自我肯定的心态，在我们的灵魂中为他留出地方时，他才会这样给予。不能有任何"我们自己"的东西剩下来以备日后所需，也不能保留任何"日常的"生活。我的意思不是说，我们每个人都必须被感召成为圣徒或是苦行僧。对于有的人而言，基督徒的生活将包括许多

———————

① 参见《约翰福音》3：30。

我们天生所好的闲暇和消遣。只不过这些都是从上帝手中得来。而对一位完美的基督徒而言，它们就像他的"宗教"、他的"侍奉"一样，在很大程度上就是他最坚定的职责，而他的宴会就如同他的斋戒一样符合基督徒的标准。最不能被认可的事情——它只能作为我们必须日夜抵抗的敌人而存在——就是认为有的事情属于"我们自己"、我们可以"放学回家，不受管教"，就是认为上帝在这些事情上没有要求的权利。

正因为上帝是爱，上帝必赐福于人，他才对一切享有权利。只有拥有我们，他才能赐福于我们。当我们试图在自身之中保留一块属于自己的领地时，我们就是在试图保留死亡的领地。因此，在爱中，他对一切都享有权利。我们不可和他讨价还价。

2月3日

计算代价

律法曾用它可怕而冰冷的声音说道："如果你没有选择上帝的国度，那么无论你取而代之选择了什么，结局都是一样。"这真是逆耳之言，令人难以接受。难道真的是毫无区别吗？无论你选择的是女人还是爱国热忱，是可卡因还是艺术，是威士忌还是内阁里的一把交椅，是金钱还是科学真知，难道结局都是一样的吗？当然，区别是有的，但已是毫无意义了：我们终将错失我们之所以被造的目的,终会抗拒那唯一的保障和满足。对于一个在沙漠中奄奄一息的人而言,究竟是因为选择了哪条路才错过了唯一的水井,还有什么追究的意义呢?

一个显著的事实是,在这件事情上,天堂和地狱都是异口同声。引诱者告诉我说:"当心!想想看,下这么大的决心,接受这样的恩典,代价不菲啊!"然而我们的主也同样提醒我们要计算代价。即使在人类的事务中,那些不守誓言的人也要为自己的出尔反尔承担重责。在上帝的事务中出尔反尔,代价势必更为惨重。权衡这两种代价,显而易见的是,仅仅在岸边嬉水将一事无成。真正具有决定意义的事情,将令天堂喜悦而令地狱恐惧的事情,恰恰就是向那没顶的深水处,向那我们无法掌控的领域,迈出更远的一步。

2月4日

每天重新开始

人类只想为自己的行为承担部分责任,这是一种无可避免的明哲保身之念。我并不认为,单凭我的一己之力就可以一劳永逸地制止这种倾向。只有上帝能够做到。我有着虔诚的信仰,并希望他能帮助我。当然,我并不是想说,自己因此就可以"歇着"了,就像他们所说的那样。上帝为我们所成就的事情，是要在我们里面成就的。这一成就的过程在我看来（千真万确地），就是每日甚或每时每刻重复磨练意志，弃绝上述观念，尤其要在每天清晨进行磨练，因为每逢夜晚，这种想法又会像新长出的壳一样把我包裹起来。失败可以受到宽恕，但致命的却是默许，是我们里面一块得到容忍、定期存在的领地，我们为自己所保留的领地。由于囿于死亡，我们可能无法将入侵者赶出我们的领土，但我们必须站在抵抗阵线这一边，而不是维希的傀儡政府那一边①。而这种抵抗，就我现今所知的而言，必须每天重新开始。我们应该引用《效法基督》中的话来作为我们的晨祷：从头做起②——请赐予今天一个完整无瑕的开端，因为我还什么也没有做。

2月5日

重大的区别

所有的人都喜欢重复基督教的一个信条，"上帝是爱"。但他们似乎没有注意到，除非上帝含有至少两个位格，否则"上帝是爱"这句话就没有任何切实的含义。爱，是一个人因

---

① 第二次大战时期法国贝当政府所在地。
② 原文为拉丁文。《效法基督》为中世纪基督教灵修名著，约成书于 1390 至 1440 年间。

另一个人而生。如果上帝仅仅只有一个位格①，那么在创世之前，他就不是爱。当然，这些人说到"上帝是爱"时，他们通常是指某些截然不同的事情。他们的意思是，我们关于爱的情感，无论怎样发生，从何发生，也无论其产生何种结果，都应该受到尊重。也许这是真的，但这和基督徒所说的"上帝是爱"全然不同。基督徒相信，爱是一种生生不息的活动，它在上帝中恒久地进行，并且创造了其他一切事物。

顺带说一句，这可能就是基督教与其他所有宗教最重要的区别：在基督教中，上帝不是静态的事物——甚至不是某个人——而是一种脉动不息的活动，一种生命，甚至是一种戏剧。更有甚者，如果你认为我不是大肆不敬的话，是一种舞蹈。

2月6日

父与子

我们必须想象，圣子永远是从圣父流溢而出的，就好比光之于灯具，热之于火焰，或者思想之于心智。他就是圣父的自我表达——是圣父必言之言。而圣父无时无刻不在表达。但你是否注意到了接下来发生的事情？所有这些光或热的画面

---

① 此处的"位格"原文为"person"。

使得圣父与圣子听起来像是两个事物，而并非两个位格。因此，归根到底，新约中关于圣父与圣子的描述要比我们尝试进行替代的说法精确得多。如果你脱离了《圣经》，这种事必然就会发生。暂时脱离《圣经》的言辞，以便澄清一些要点，这是无可厚非的。但你总是必须走回去。上帝自然比我们更加懂得应该如何去描述他自己。他知道，圣父与圣子的关系更像是第一位格与第二位格的关系，而不像我们所能想象的任何关系。而我们所应知道的最重要的事在于，这是一种爱的关系。圣父喜悦其子，而圣子崇敬其父。

圣灵

圣父与圣子之间的联合是如此具体实在，栩栩如生，以至于这一联合本身就是一个位格。我知道这几乎令人难以置信，但我们不妨这样去想。你知道，当人们聚集成为一个家庭，一个俱乐部，或是一个贸易联盟的时候，大家就会谈论这个家庭、俱乐部或是贸易联盟的"灵魂"。他们谈论"灵魂"，是因为个体成员聚在一起时，确实会发展出一套言谈举止的独特方式，而这是他们各自分开时不具备的。这好比形成某种共有的人格。当然，它不是一个真正意义上的人：它只不过很像一个人。但这仅仅是上帝与我们的区别之一。从圣父与圣子的联合生命中，诞生出了一个真正的位格，这实际上就是上帝三个位格之中的第三位。

在专业的神学语言中，这第三个位格叫做圣灵或者上帝的"灵"。如果你发现圣灵（也就是上帝）的概念在你脑海中要比其他两个位格更加含混不清，难以捉摸，那么也用不着担心或是吃惊。我想有一个理由可以解释这一点：在基督徒的生活中，你并不总能看见圣灵。他总是通过你来行事。如果你想象圣父是远远地在你前方，而想象圣子站在你身边，帮助你祷告，试图将你转变成为另一个神之子，那么你就必须将第三个位格想象为内在于你，或是在你身后的东西。可能有些人会觉得，从第三个位格开始向后推算想象要更容易一些。上帝就是爱，而这爱通过人——尤其是整个基督徒的团契来作工。而爱的灵魂则是这样一种爱：它万世万代往来于圣父与圣子之间，生生不息。

2月8日

花样常新

大魔头私酷鬼正在考虑追寻"历史上的耶稣"一事的价值：

你会发现，大量的基督教政治作家都认为，基督教在很早的阶段就已走偏，脱离了其创建者的教导。现在我们必须利用这种观点，通过清除后世的"加工和曲解"，再次鼓励去发现"历史上的耶稣"的概念，并使它和整体的基督教传统形成对比。在上一代人中，通过自由开明和人道主义的方式，我们就倡导了对这样一个"历史上的耶稣"的建构；而现在，我们要运用各种新的学说，利用灾难或革命的途径，推出一个全新的"历史上的耶稣"。这一系列的建构，我们每隔30年就要更新一次，而它们的好处真是不一而足。首先，它们往往会引导人们热衷于某些并不存在的东西，因为每一个"历史上的耶稣"其实都是与历史无关的。文献已经将所有事实和盘托出，没法随便添枝加叶。所以，每一个新的"历史上的耶稣"的观念，必须通过以下手法才能从中得出：或是通过避讳这点、夸张那点，或是通过某种臆想（对这种事，我们教会人类用一个词去形容：才华横溢）。在日常生活中，没人愿意为这种臆想牺牲哪怕十个先令，不过它却足以在每位出版商的秋季书单上，制造出大堆新的拿破仑、莎士比亚和斯威夫特。

2月9日

连哄带骗

私酷鬼正就如何利用"历史上的耶稣"发表长篇大论：

无论"历史上的耶稣"在某些特殊环节上会显得对我们如何不利，这个观念始终应该大力提倡。就基督教与政治之间的一般关系而言，我们的立场要更加微妙。当然，我们不希望人们让基督教在其政治生活中泛滥，因为建立任何一个类似正义社会之类的东西，都是巨大的灾难。而另一方面，我们确实需要、迫切地需要人们把基督教当作一种手段；当然，最好是当作有助于他们自身修身养性的手段，倘若不成，就当作有助于达成任何事情的手段——甚至有助于社会正义也无妨。我们要做的事，就是要使人首先视社会正义为"敌人"所要求的东西，然后引导他更进一步，使他之所以重视基督教，是因为基督教可能产生社会正义。因为"敌人"毕竟不会被轻易利用。那些自认为可以重振信仰，以便创造一个公义社会的人或国家，没准也会认为，他们可以把天堂的阶梯当作去往最近一个药房的捷径。幸运的是，哄骗人类去做这种投机取巧的事真乃轻而易举。就在今天，我还找到了一位基督教作家的文章，他在其中推荐他所理解的一套基督教，其理由是："只有这样一个信仰能够超越旧文化的衰亡和新文明的诞生。"你看出点眉目了吗？"相信这个宗教，不是因为它是真理，而是出于旁的理由。"瞧，窍门就在这儿！

不平等的爱

说每个人具有等同的价值，完全是无稽之谈。如果在世俗的意义上衡量价值——我们意指所有人都是同样有用、同样美丽、同样善良和风趣——那这话完全是一派胡言。如果平等是指作为不朽的灵魂，所有人都具有相等的价值，那么我想，这其中隐藏了一个危险的错误。每一个人类灵魂都具有无限大的价值，这并非基督教的教义。上帝不会因为一个人内在的某些价值而为他去死。仅从自身去考虑每个人的灵魂，而不考虑其与上帝的关系，这些灵魂便毫无价值。诚如圣保罗所言，为有价值的人死算不上神圣的举动，仅仅是英勇的表现；上帝则为罪人而死[①]。他爱我们，并非因为我们值得爱，而因为他就是爱。可以说，他对所有人的爱都是平等的——当然，也都是至死不休的。总之，如果平等真的存在，也是存在于他的爱中，而非存在于我们之间。

平等是一个涉及数量的词汇，因此，爱常常对它知之甚少。我们的灵魂恰恰是在一种权威的语境下生存，而这种权威总是通过我们自愿的谦卑与顺从才得以立足。甚至在情感

---

① 参见《罗马书》5:7。"为义人死，是少有的；为仁人死，或者有敢做的；惟有基督在我们还作罪人的时候为我们死。"

生活中，更多地是在基督的身体中①，我们都已经跨出了那个声称"我和你一样好"的世界。这就像脱去我们单调雷同的衣服，露出我们各自相异的本质。犹如切斯特顿②所说，我们在鞠躬时愈加高大，在指手画脚时却愈加卑微。在我自己的教会仪式中，某些时刻牧师站立着，而我跪下，这时我总是十分欣喜。正当民主在外部世界中变得愈发无孔不入，而表达敬畏的机会却相继消失之际，教会却提供给我们再生的活力，洁净的灵魂，并生机勃勃地回复到一种"不平等"的状态，这些都显得愈加重要。

2 月 11 日

好的感染③

那么，这到底有什么意义呢？这比世界上其他任何事情都有意义。这整个舞蹈，整个戏剧，整个三位一体的生存模式，我们每一个人都应该亲身体会：或者（反过来说），我们每个人都应该参与到这个模式中来，在这个舞蹈中占据自己的

---

① 基督的身体通常指教会。
② 吉尔伯特·凯斯·切斯特顿(1874—1936)，英国作家，著有小说，评论，诗歌，传记等。其中以布朗神父的侦探小说系列最为著名。
③ 本篇及下篇均为续 2 月 5 日的《重大的区别》。

位置。为达到我们被造的目的，达到一种幸福，我们没有别的路可走。你知道，无论好事还是坏事，都是通过某种"感染"才获得的。如果你想取暖，你就必须凑近火炉；如果你想把自己弄湿，你就必须到水里去。如果你想追求喜悦、力量、和平以及永生，你就必须靠近，甚至进入拥有它们的东西。它们不是如果上帝愿意就能发放给任何人的一种奖励。它们是一个力与美的巨大喷泉，在真理的正中心奔涌不息。如果你离它很近，喷泉就会将你淋湿；如果你离它很远，你就仍然是干枯的。一个人一旦与上帝相连，他怎会没有永生？一个人一旦与上帝相隔，除了枯槁与死亡，他还有什么选择？

2月12日

基督教给予我们什么

基督教给予我们的全部东西就是：如果我们让上帝行他的道，我们就能分享基督的生命。如果我们这样做了，我们就将分享一个受生而非被造的生命，一个向来就有也必将永有的生命。基督是上帝的儿子。如果我们分享了这样一个生命，我们也将成为上帝的儿子。我们将会像基督那样爱他，圣灵会在我们里面冉冉升起。基督降世成人，就是为了向人播撒他所拥有的这种生命——这就是我说的"好的感染"。每个基督徒都要成为一个小基督。成为基督徒的全部目的就在于此，别无其他。

荒唐的声明

我们都可以理解，一个人如何会宽恕所受的冒犯。你踩了我的脚趾，我原谅你，你偷了我的钱，我也原谅你。但如果有个人既没有被踩也没有被偷，却宣称他因为你踩了别人的脚趾、偷了别人的钱而原谅你，那我们对此该做何反应呢？对于他这种行为，"蠢如鹿豕"也许是我们所能给予他的最友善的形容。然而，这就是耶稣的所作所为。他告诉人们，他们的罪已被赦免，而且他从不请教其他所有人，问问他们的罪究竟伤害了谁。他就像首要涉及的当事人，或者首当其冲的受害者，毫不迟疑地如此行事。只有当他真的就是上帝，每一桩罪都破坏了他的律法，伤害了他的爱时，这种行为才有意义。如果这些话出自任何一个非神的人之口，那我只能将其视为一种史上无人能出其右的愚蠢和狂妄。

然而（这才是最奇特，最重要的事），在阅读福音书的时候，甚至是他的敌人也通常不会从中得出愚蠢和狂妄的印象。不带偏见的读者就更不至如此了。基督说他是"谦卑而温柔"的，我们也相信他是的。然而我们却没有注意到，如果他仅仅是个凡人，谦卑与温柔将是他某些言论中最为糟糕的特征。

与看法无关

在此，我想努力阻止人们说一些蠢话，而那正是我们常常对他（耶稣）所发的见解："作为一名伟大的道德导师，我可以接受耶稣，但他声称自己就是上帝，我可不接受。"这话我们无论如何也不能说。一个人，如果仅仅作为人类，说了耶稣所说的话，那他绝不是一个伟大的道德导师。他要么是精神错乱——就像某人说自己是荷包蛋一样荒唐——要么就是地狱的恶魔。你必须做出选择。要么这个人曾是，也正是上帝的儿子；要么他就是个疯子，或者比这更糟。你可以把他当疯子关起来，可以像对恶魔那样向他啐一口唾沫，并杀死他；你还可以拜倒在他的脚下，称他作你的主，你的上帝。但是让我们抛弃那些屈尊俯就，将他贬称为伟大人类导师的傲慢看法。关于他的身份问题，他从未给我们留下任何臆想的余地。他从未有此打算。

2月 15日

不乏善见

你稍事留心就会发现,对于基督教的普遍看法不正是如此吗:耶稣基督是位伟大的道德导师,如果我们采纳他的建议,我们就能建立更好的社会秩序,并且避免下一次战争。说真的,这些都是事实。但它所告诉你的远远不是基督教的全部真理,它也没有任何实际的重要意义。

没错,如果我们采纳了基督的建议,我们马上就会生活在一个更加愉快的世界中。你甚至用不着像基督那样行事。如果我们遵循柏拉图、亚里士多德或是孔夫子的教导,我们的生活会远比现在的好。但是事实又如何呢? 我们从未采纳过这些伟大导师的建议。那我们现在凭什么又要采纳呢? 凭什么我们更愿意听从基督,而不是其他人的建议呢? 只因为他是最好的道德导师吗? 但那只会使我们更无可能跟从他。如果我们连最基本的教训都不愿听取,我们难道会听取更高深的意见吗? 如果基督教仅仅意味着多了几条好建议,那么它就一文不值。四千年以来我们从不匮乏善见,多几条也没什么区别。

2月 16日

两个需要迅速澄清问题

第一个需要澄清的问题,是基督教关于人际关系的道德,在这个问题上,基督从未宣讲任何全新的道德观念。《新约》的金规则("己所不欲,勿施于人",反之亦同)集合了每个人在心底都一直认为是正确的观念。真正伟大的道德导师从不引进新的道德观念:只有江湖骗子和妄想狂才会这么做。正如约翰逊博士所说:"人们更加需要不断被提醒,而不是不断被教导。"每一位道德导师的真正职责,就是要持续不断地,反反复复地,将我们拉回那些古老而简单的原则中——对于这些原则,我们都是如此急切地避而不见。这就像一次又一次地将马拉回它一直拒绝跨越的栅栏,就像一次又一次地将一个孩子带回他一直希望逃避的课堂。

第二个需要澄清的问题,就是基督教从未声称,为了将"己所不欲,勿施于人"适用于某个特定时代的某个特定社会,它可以提供一套详细的政治计划。基督教不会这样做。它面向的是所有时代的所有人类,而任何一个特定的计划都只能适用于某时某地,而不适用于其他时间地点。总之,无论如何,这不是基督教行事的方式。当它叫你去给饥饿者喂食时,它不会给你上烹调课。当它叫你阅读《圣经》时,它不会给你上希伯来文、希腊文甚至英文的语法课。它从不意欲取代或者压倒普通的人文学科与科学;毋宁说,它就像个指挥,会令我们各归其位,各司其职;它就是能量的源泉,这种能量将赋予我们新生,只要我们愿意服从它的旨意。

坏汽油

上帝创造了我们:他发明我们,就像人发明引擎。一辆汽车需要汽油才能行驶,若是用旁的东西,它就无法正常行驶。同理,上帝设计了人类,使这部机器只能倚赖他才可运转。他自己就是我们的灵魂被设计来用以燃烧的燃料,抑或说,是我们的灵魂被设计来赖以生存的事物。没有旁的东西可以替代。这就是为什么,要求上帝使我们恣意快乐,却对宗教本身毫不关心,是一件非常不好的事。上帝不能赐予我们在他之外的快乐与和平,因为它们不在他那儿。那样的东西不存在。

这就是了解历史的关键。人们消耗了巨大的精力,建立了种种文明,规划了优秀的制度;但在每个时代都会出现差错。某种致命的错误总是将自私而残忍之人推向巅峰,随后一切均跌入悲惨与毁灭。事实上,是机器失灵了。看上去它的启动完好,还跑出去好几码,但随后就出了故障。他们试图用错误的燃料使它运转。这就是撒但对人类的所作所为。

2月 18日

竞争而非谦让

如果一个事物的固定性质无论在何种情况下,都无法使每一个个体的灵魂同等地心旷神怡,那么,世界这个事物就更无可能随时随地安排合宜,竟可让社会的每个成员都感到同等的便利和愉快。如果正朝某个方向行走的人是在下山,那么朝相反方向行走的人一定是在上山。一块鹅卵石呆在我想要躺下的地方,除非因缘巧合,否则它不可能呆在你希望它呆的地方。而这些都绝非坏事:恰恰相反,它为所有那些谦恭,尊重和无私的行为提供了付诸实践的机会,而爱和美的性情以及谦逊正是因此才得以表达。但这当然也为一种可怕的邪恶提供了门道,那就是竞争与敌对的邪恶。如果灵魂是自由的,那就无法阻止它们以竞争而非谦让的方式去解决问题。而一旦它们进入实际的对抗,它们就能够利用事物的固定性质相互伤害。木头的恒定性质既可以被我们用作横梁,也可以用来打我们邻人的头。普遍说来,事物的恒定性质意味着,当人类打仗的时候,胜利通常会属于那船坚炮利、用兵得当、人多势众的一方,即便它们的动机是非正义的。

恒定的自然法则与自由意志

我们也许能够设想这样一个世界:在其中,上帝每时每刻都在矫正他的造物们由于滥用自由意志而造成的后果。

这样一来，一个木头横梁被用作武器时就会变得像草一样柔软，如果我试图在空气中发出谎言或是辱骂的声波，空气也会拒绝服从我。然而，在这样一个世界中，错误行为成了不可能的事，因此，意志自由也就成了一纸空谈；不行，如果这一原则按照其自身的逻辑发展下去，我们就不会再有邪念，因为当我们试图谋划一个邪念时，我们用以思考的大脑机能就会拒绝。一个恶人周遭的一切事物都有可能经历无法预测的改变。说上帝能够、并且确实偶尔会改变事物的习性，创造我们所说的奇迹，确实是基督教信仰的一部分；但一个正常而稳定的世界的概念之所以存在，恰恰是因为这样的时刻非常之少。下棋时，你可随心所欲地让对手一棋，这并不违反普通的游戏规则，正如奇迹并不违反自然的法则。你可以拿掉自己的一个"车"，也可以让对方悔一步错棋。但如果任何对他有利的棋你都让步——他走的每步都可以反悔，如果无论何时，只要你的棋子在棋盘上处于对他不利的位置，就会全部消失——那你根本就不是在下棋。众生灵在世界上的生存也是如此：恒定法则、因果必然性所展现的结果，以及整个自然秩序，既限制了生灵的日常生活，也是这些生命之所以得以存在的独一条件。如果你试图否认自然秩序以及自由意志之存在会带来痛苦的可能性，你就会发现，你是在拒绝生命本身。

神圣的清洗

毫无疑问,上帝当然有可能凭借神迹来清除一个人犯下的头一桩罪所造成的恶果;但除非他也准备清除第二桩、第三桩罪的恶果,并且永远清除下去,否则这也算不上什么好事。一旦神迹停止,那我们迟早会落入现在这种悲惨的境遇:如果神迹不会停止,那么在这样一个被神的干预恒久支持和不断矫正的世界中,人类的选择就是无足重轻的;在这样的世界中,你面前每个显而易见的抉择都不会产生任何结果,因此也算不上一个真正的抉择,这个确定无疑的事实使得选择本身也行将消失。如我们所见,正是方格的整饬和走棋的严谨,才决定了对弈者下棋的自由。

自由的联合

上帝创造了拥有自由意志的造物。这意味着这些造物既可以为恶也可以为善。有些人认为,他们可以想象出一种造物,既有自由却又不可能为恶;我却想象不出。如果一个造物有为善的自由,那么它就有为恶的自由。使邪恶也成其为可能，这才是自由意志的本质。那么，为什么上帝要给予造物自由意志？因为自由意志尽管使邪恶成为可能，它也是唯一可使得任何值得拥有的爱、良善或喜悦成其为可能的东西。上帝为他的高级造物们设计的幸福，就是自由的幸福，就是沉浸于爱和喜悦，与上帝、与他人自由地契合。与之相比，世上男女之间那种令人销魂的爱，只能算是粗茶淡饭。而为了获得更高的爱与喜悦，造物必须是自由的。

2月22日

再次猜测上帝的智慧

上帝当然知道他们（拥有自由意志的造物）误用自由意志的后果：显然，他认为值得冒这个险。我们或许很不情愿同意他的看法。然而，不同意上帝的看法就会遇到一个困难。他正是你所有思考能力的源泉：你对他错，这就像溪流高出它的发源地一样荒谬。当你和他争论时，你恰恰就是在和那使得你能够进行争论的力量进行争论：这就像砍掉你坐的树枝一样。如果上帝认为，世上这种战争的状态是人为自由意志应付的代价——这即是说，为了创造一个活生生的世界，使其中的造物能够真正为善或为恶、使真正具有价值的事情得以发生，而不是创造一个玩具世界，只能在上帝拉动绳子时有所动作——那么我们也可以认为，付出代价是值得的。

至深的腐朽

一旦你开始拥有自我，你就有可能将自我置于万物之首——你想要成为中心人物——事实上，也就是想要成为上帝。这就是撒但的罪恶；也是他教给人类的罪恶。有些人认为人类的堕落和性有关，但这是一种误解。《创世记》的故事实际上提示说，我们在性事上的败坏是紧随着堕落、并且作为堕落的结果而非原因而发生的。）撒但放入我们祖先头脑中的观念，是他们可以"变得像神一样"——可以自我发生，就好像他们创造了自己——可以做自己的主人——可以为自己发明某种远离上帝、在上帝之外的快乐。我们所谓的全部人类历史就诞生于这种徒劳的尝试——金钱、贫困、野心、战争、卖淫、社会等级、君主政权、奴隶制度——人类试图在上帝之外寻找可使他们快乐的东西，而这些就是他们漫长的悲惨历史。

人的意志——造物的弱点

我们并不知道,自我矛盾、异想天开的愿望,究竟在何种特别的行为、或是一系列的行为中表达出来。就我的全部所知而言,回答这个问题就像是画饼充饥,这个问题本身也无足轻重。

造物将自我的意志付诸行动,这对于造物的真实地位而言,本身就是大错特错,而这种行动也是可以被称为堕落的唯一罪恶。理解原罪①的困难在于,首先它必须是十恶不赦的罪行,否则其后果就不会如此可怕;然而其次,它必须还是一个不囿于堕落者之诱惑的存在物,可以合情合理地触犯。背离上帝,转向自我的过程就满足了这两个条件。这种罪,甚至连天堂中的人也难免会犯,因为自我的存在本身——我们将它称作"我"这个事实本身——从一开始就包含了自我崇拜的危险。正因为我就是"我",我必须交托自我,无论这一行动多么微小或是容易,我的生活都必须向上帝敞开,而不是自恋自闭。自我意志正是造物天性中的"软肋"(如果你愿意用这个词的话),它确有风险,但上帝显然认为值得一试。

---

① 原文为 the first sin(第一桩罪)而非 the original sin(原罪),但此处意思与原罪同。

2 月 25 日

成为你自己

大魔头私酷鬼正在澄清"敌人"的意图：

　　我当然知道，"敌人"也想使人类摆脱自我，但他用的是另一套方法。你要永远记住，他是真心喜欢这些小螽贼，还为他们各自的禀性赋予荒唐得不相称的价值。当他谈到他们失却自我时，他的意思是指抛弃自我意志的喧嚣；一旦他们这样做了，他确实会把真正的个性还给他们，还夸口说（诚实地说，恐怕他就是夸口），当他们全部属于他的时候，他们反而会更多地成为他们自己。因此，一方面，他乐于看到他们放弃自己的意志而服从他的意志，哪怕这些意志是无辜的，另一方面，他却不愿看到他们为了任何别的理由远离自己的本性。我们可要永远怂恿他们这样做。

2 月 26 日

真正的是非对错

　　无论何时你遇到一个声称自己不相信真正的是非对错的人，你会发现，转眼间他就会反悔。他可以对你不守信用，但如果你试图对他不守信用，他就会抱怨"这不公平"。一个国家会说，条约算不了什么；但过不了一会儿他们打了自己的耳光，说他们想要违反的那个特定条约不公正。如果条约算不了什么，如果世界上并没有黑白对错之分——换言之，如果没有自然法则——那么一个公正的条约和不公正的条约又有什么区别呢？无论他们说了什么，他们不是已经露馅了并且表明，他们确实和其他任何人一样通晓自然的法则吗？

看起来，我们似乎必须相信真正的是非对错。人们有时会把它们搞错，就像有时会做错算术题一样；但是非对错可不仅仅是感觉和观点那么简单，它就像是乘法表，对错分明，永不更改。

2 月 27 日

法则的力量

我希望你们不要误解我将要说的话。我只是在提醒你们注意一个事实：在这一年，这个月，或者更有可能，在这一天中，我们都没能像我们希望别人对待自己那样去对待别人。我们可能有各种各样的借口。那次你对孩子们不大公平，是因为你太累了。那次交易有点儿小小的猫腻——你几乎快把这事忘了——是因为你正巧手头缺钱。还有那些你许诺过却又从未做的陈年旧事——啊呀，如果早知道会忙得如此不可开交，你就不会许诺了。还有，怎么解释你对你的妻子（丈夫),或你的姐妹(兄弟)的恶劣行为呢?哦,如果我知道他们有多么招人讨厌,我就不会对此表示惊奇了——话说回来,我也和你们一样。这即是说,我也未能成功地遵守自然法则,一旦有人谴责我,我脑子里就会冒出长长一串借口。现在的问题不在于它们是否算得上好借口。关键在于,这又一次证明,无论我们是否愿意,我们都对自然法则深信不疑。如果我们不相信有正派的行为,那么当我们行为不端时,我们为什么要如此急于寻找借口呢? 事情的真相是,我们对于正派的行为是如此深信不疑——我们是如此深刻地感受到律法准则的压力——以至于我们无法忍受面对这样的事实,即我们正在违反它,于是乎,我们都试图转嫁责任。你要注意,所有的借口都是针对我们不端的行为。我们仅仅把我们的坏习性归因于劳累、焦虑或饥饿;至于那些好的习性,我们全都归功给自己了。

2 月 28 日

克制冲动

将我们的某些冲动——例如母爱或者爱国主义——说成是好的,而将另外一些,例如性或者搏斗的本能说成是坏的,实在是言之欠妥。我们想说的就是,比起母爱或爱国主义的萌发，搏斗本能或者性欲的悸动需要受到更多的克制。但在某些场合，一个已婚男人有责任激发他的性冲动，而一个士兵也有义务唤醒他搏斗的本能。同样在某些场合，一个母亲对于她孩子的爱，或者一个人对于他祖国的爱却不能任其发展，否则他们在对待别人的孩子或国家时就会有失公允。严格地说，情感的冲动没有好坏之分。让我们再次想想钢琴的例子。它并不具备两种音符——"好的"音符和"坏的"音符。每一个音符都是时对时错的。

顺带说一句，这个要点具有极大的实际意义。你所做的最危险的事情，就是在你的本性中任意选择一种冲动，将它树立为你不惜任何代价都要遵循的守则。如果我们将其树立为绝对的向导，那它必将使我们落入罪恶的深渊。你可能会认为，对于人类的普遍之爱总是安全的，事实却并非如此。如果你不考虑正义的因素，你就会"为了人性的缘故"，在法庭上破坏协定、作伪证，最终，你将会成为残忍而狡诈的人。

2月29日

不仅仅是道德的完美

上帝的神圣性不仅仅在于、也不同于道德完美：他对我们的要求也不仅仅在于、不同于对于道德责任的要求。我并不否认这个观点;但是这个概念,正如共同的罪的概念一样,极易被用作逃避真正问题之所在的遁词。上帝确实不仅仅代表了道德的完善;但也不会少于此。迈向应许之地的路途绕不过西奈山①。道德律之所以存在是为了被超越;但如果我们不能首先承认道德律对我们的要求,不能尽我所能达到这一要求,不能光明正大地面对我们失败的事实,就谈不上什么超越。

---

① 西奈山是《圣经》中上帝授予摩西十诫之地,代表了上帝与人类的律法盟约。

三 月

道德简说

　　有两种方法可以让人类这台大机器失灵。其一是人类个体逐渐相互疏远，或者相互冲突，通过欺骗和凌辱相互伤害。其二是人类个体内部出了问题——他身体的各个部分（不同的官能、欲望等等）彼此龃龉或相互干扰。如果你把我们人类想象成一支列队行进的舰队，你就可以理解得更清楚。这趟旅行的成功取决于两个必要条件，首先，船与船之间不能相撞，也不能抢占对方的航道；其次，每艘船都必须经得起风浪，引擎运转良好。事实上，这两个条件缺一不可。如果船只之间总在碰撞，它们就不能长时间适应海上航行。另一方面，如果船的操舵装置失灵，它们就无法避免相撞。或者，如果你愿意的话，你也可以将人类想象为演奏中的乐队。为了获得良好的效果,你需要两个条件。每个乐手各自的乐器必须音调准确,此外,它们必须在恰当的时候加入进来,以便与其他所有乐器融为一体。

但还有一件事我们尚未考虑。我们没有问,舰队到底想往哪儿去,或者乐队到底想演奏什么样的曲子。所有的乐器可能全都音调准确,并都加入得恰到好处;即便如此,如果他们应邀演奏一支舞曲,结果奏的却是《葬礼进行曲》,那么整场演出也是全功尽弃。同样,无论舰队的航行何等顺利,如果它本想抵达纽约,结果却到了加尔各答,那么这次航行也就一败涂地。

3月2日

道德的困境

因此,道德与三件事情有关:其一是个体之间的公正和谐,其二是在每个个体内部进行所谓的大扫除或者协调工作,最后是人类全部生活的总体目的——人类之所以被造的目的——整个舰队的航道——乐队必须演奏的乐曲……

几乎所有时代的所有人都在理论上赞同,人类应该诚实、善良、相互帮助。尽管一开始这样想是很自然的事,但如果我们关于道德的思考就此止步,那么我们还不如不去思考的好。

除非我们进行到第二步——在每个人内部进行大扫除——否则我们就只是在自我欺骗。

如果事实上,所有的船只都是些老旧的不听使唤的容器,完全无法掌控,那么告诉它们如何驾驶才能避免相撞又有什么用处呢?如果我们都知道,事实上,我们的贪婪、怯懦、坏脾气和目中无人都将阻止我们遵守社会规范,那么为社会行为拟订书面的准则,又有什么好处呢?我从来不认为我们不应该思考、努力思考社会和经济体制的改善。但我真正想说的是,除非我们意识到,除了个体的勇气和无私,没有什么能够使任何体制正常运转,否则,先前所有的思考就只是纸上谈兵。清除现行体制内部特定的贪赃枉法或恃强凌弱并不困难;但只要人们依旧是骗子和恶霸,它们就能找到新的门道,在新的体制内部重操旧业。依靠法律无法塑造好人,而没有好人,就没有好的社会。

3 月 3 日

恶有恶报

一个快活的恶人究竟是怎样的人?——他的行为不负责任,与宇宙的法则相抵,但他对此却麻木不仁。

恶人应该受到惩罚,每个人在心底都认为这是真理。对这种感觉嗤之以鼻，好像它完全是有失体面，这样做毫无用处。在最轻的层面上，它唤起了每个人对于正义的感知。当我和哥哥还都是小孩子的时候，有一次，我们在同一张桌子上画画，我撞了他的胳膊，结果令他在作品中央划下了一条毫无意义的线。这件事后来以这样的方式友好化解：我允许他也在我的画上划一条等长的线。这就是说，我得设身处地，换一个位置来正视我的疏忽大意。在更加严厉的层面上，这个概念就是"恶有恶报"或者"罪有应得"。有些"文明人"不喜欢恶有恶报的概念，他们希望抛弃惩罚的理论，认为它的价值在于对他人的威慑作用，或者在于罪犯自身的改过自新。他们不知道，这样做会使所有的惩罚有失公正。如果我罪不至此，为了"威慑他人"的缘故，却要忍受巨大的痛苦，世上还有什么比这更不道德的事呢?! 而如果我是罪有应得，你就必须承认"恶有恶报"的必要性。除非我罪有应得，否则，不经过我的同意就把我抓住，送我去忍受讨厌的"道德提升"过程，世上还有什么比这更无耻的事呢?!

3 月 4 日

复仇的冲动

复仇的种种手段常常会使我们忘了它的目的，然而，这种目的也并非一无是处：它就是要让恶人也尝到自己的邪恶带给其他人的痛苦。以下这个事实充分证明了这一点：复仇者不仅要让当事人痛苦，还要他在自己的手上受苦，而且要让他知道这一点，以及受苦的原因。正是因为如此，在复仇的时刻，我们才会有这样的冲动，要用罪人自己的罪行来嘲讽他；也正是因为如此，诸如此类的话才会脱口而出，比如，"要是知道同样的事情也会发生在他身上，我怀疑他还会不会这么干"或者"我得教训教训他"。同样出于这个理由，当我们想辱骂一个人的时候，我们会说，我们要"让他尝尝我们的厉害"。

3月5日

直面邪恶

在一个人真正感到负罪的时刻——此刻在我们的生命中少之又少——所有亵渎的言行就都会不见踪影。我们会觉得，很多事都可以用人性的弱点为遁词，但是这件事不行——这是极端卑鄙和丑陋的行为，我们的朋友绝不会做这样的事，甚至像某某那种彻头彻尾的小无赖都会以此为耻，我们无论如何也不能让这样的事公诸于世。在这样的时刻，我们确实知道，我们在这个行为中暴露出来的性格是为所有人，也应该为所有正直的人所唾弃。而且，如果在人类之上有神明存在，他们也将唾弃这样的行为。一个神明倘若尚能姑息此事，他便算不上良善的存在。我们甚至不能奢望会有这样一个神明：这就像奢望世界上的每只鼻子都失灵，干草、玫瑰或大海的味道都不会再使任何造物感到心旷神怡，因为我们自己的呼吸都变得腐臭不堪了。

当我们仅仅说我们有罪时，上帝的愤怒看上去简直就是不近情理的；而一旦我们感知到我们的罪恶，上帝的愤怒就是不可避免的，它只是上帝之良善的必然推论。为了保持我们在这一时刻得出的真知，学会在更多、更复杂的伪装之下发现同样真实而不可推卸的罪恶，对于基督教信仰的正确理解而言，就是必不可少的责任。这当然不是一个全新的教义。在本节中，我不打算说些冠冕堂皇的话。我只是试图让我的读者（更进一步，也使我自己）跨过这座"笨人桥"，迈出愚人的乐园和全然的错觉，迈出走向真理的第一步。

3月6日

我们的真实面目

但凡不是圣贤或者目中无人，我们每个人都不得不向其他人的外在表现"看齐"：因为我们知道，在我们内心深处有一些污点，比公众场合下最失礼的行为和最放肆的言谈还要卑劣。在某个瞬间，当你的朋友正为某个措辞举棋不定的时候，你的脑海中冒出了什么？我们从未将这些内心的真相和盘托出。我们可以对丑恶的事实供认不讳——供认那些最自私的怯懦，或是最卑鄙、最无聊的罪行——但是，我们忏悔的口吻却是虚伪的。我们实际的忏悔行动——一个略有些言不由衷的眼神，一点小小的幽默——所有这些都意在将犯罪事实与我们真正的自我割裂开来。没有人能够意识到，这些罪行与我们的灵魂是何等熟识，甚至是意气相投；也没有人意识到，它们与我们其余的部分是何等地相似。在我们内心深处，在那做着梦的温柔乡中，它们并未奏响任何不和谐的音符，对于我们的其余部分，它们也没有显示出丝毫的古怪与格格不入，正如表达成句时所表现的那样。我们常常认为并相信，习惯性的恶行只是个别例外的过犯，而相反地，又将偶尔的善行错认作我们的美德——就像一个糟糕的网球选手，把自己日常的表现看作是"运气不好"，却将罕有的胜利看作日常的状态。我并不认为，无法将真实的自我和盘托出是我们自己的错误；那种挥之不去、终生伴随我们内心的低语，叨念着鄙视、嫉妒、淫欲、贪婪和自满，实在难以启齿。出口之辞难免有限，但重要的是，我们切不可误以为，那就是我们内心全部阴暗面的完整记录。

时间不会抵销罪恶

我们有一种奇怪的错觉，就是时间可以抵销罪恶。我曾听到别人以及我自己讲述童年时代的残忍和过失，那口气就好像它们和眼前的叙述者毫无关系，当中甚至笑语连篇。然而，仅仅依靠时间，我们对罪行和罪责都无能为力。洗刷罪行的不是时间，而是我们的忏悔和基督的宝血；如果我们对早年的罪行感到后悔，我们就应该牢记我们被赦的代价，就应该谦卑。对于犯罪的事实，有什么东西可将其抵销呢？所有的时间对于上帝而言都是永恒的现在。那么，在他那多维的永恒中的某一条线上，你对他来说，永远都是幼儿园里的小孩，正在撕掉苍蝇的翅膀；永远都是满嘴奉承和胡话、充满情欲的学生；永远像个僚属一样又懦弱又无礼——他永远看得见你从前所犯的罪，这不是不可能的事。救赎并不在于要抵销这些永恒的时刻，救赎存在于完善的人性之中，这一人性将要永久地忍受罪的耻辱；而如果他求助于上帝的怜悯，他就将获得喜悦，这是宇宙的普遍真理。也许，连圣彼得不认主的过失——如果我说错了，他也会原谅我——在永恒的时刻也就成了永恒的背弃。因此，对我们大多数人来说，按照我们眼下的境况，天堂的欢乐确实只是"后天的嗜好"①——而某些生活方

---

① 原文为 an acquired taste，指对原先厌恶之事逐渐产生好感。此处意指：天堂的欢乐并非简单的赦免，要通过忍耐和信心方可获得。

式将使我们无缘于这种欢乐。最终迷失方向的人,很可能就是那些不敢迈进这一"公共"地带的人。当然,我不知道事实是否就是如此,但我想,将这种可能性牢记在心,总是值得的。

不良团伙

我们必须警惕这样一种感觉,即"人多就安全"。我们会很自然地觉得,如果**所有**人都像基督徒所说的那样邪恶,那么邪恶一定很可以原谅。如果所有的学生都没有通过考试,那一定是试卷太难了。学校的负责人也会这么想,直到他们得知,别的学校有百分之九十的学生都通过了同样的考试。这时他们才开始怀疑,问题不在出题者身上。同样,我们当中很多人都曾生活在人类社会某些偏狭的团体中——比如某些风气恶劣的学校、大学、军队和职业团体,在这样的团体中,某些行为早已司空见惯,而另一些则被视作不切实际的德行,以及堂吉诃德式的愚侠。然而,当我们从这类糟糕的社会中脱身出来,我们就会惊骇地发现,在外面的世界中,我们所谓的"正常"行径,是正派人想都不曾想过的事,而我们"堂吉诃德"式的行为,却被理所当然地视为正派的最低标准。在我们置身井底时，良心的顾虑似乎是件讨厌而荒唐的事，现在却变成了我们所享有的唯一精神健全的时刻。事实上，整个人类（宇宙中微不足道的一部分）很可能就是那种地方上的不良团伙——就是一所与世隔绝的坏学校或者一支坏军队，在其中，最起码的正派行为都会被视作英雄的节操，而彻底的败坏却被当成可以原谅的缺陷。正视这种可能性将是明智之举。

3月9日

不同的时代，不同的道德

如果你想要认为，现代的西欧人不可能真的那么邪恶，因为我们相比较而言更为人道——换言之，如果你认为上帝会因此对我们感到满意——那么你就去问问自己，上帝是否会因为古代人在勇敢和贞洁方面的表现更为出色，就对那个野蛮时代的惨无人道感到满意。你会立即发现，这是不可能的。如果你考虑一下，我们的祖先对我们而言是何等野蛮，你就会略微理解，我们对于我们的祖先而言又是何等的软弱、世俗和怯懦。随后你就会明白，这二者在上帝眼中究竟是怎样的面貌。

敌占区

当我第一次认真读《新约》时，让我非常惊讶的是，其中竟如此多地谈到了宇宙中的黑暗势力——一个强大的恶灵，掌管着死亡、疾病和罪恶。与其他神话不同的是，基督教认为，这一黑暗势力是由上帝创造的，在创造之初它曾是良善的，只是后来才走上了邪途。基督教赞成二元论的观点，认为整个宇宙处于一种战争状态。但它并不认为，这是两个独立势力之间的战争。它认为这是一场内战，一次叛乱，而我们生活于其中的这部分宇宙正是由叛逆者统治的。

敌占区——这就是我们所处的世界。基督教的故事所讲的，就是正义的君王如何降临人世，并且号召我们参与一场伟大的破坏运动。当你去做礼拜的时候，你就是在偷听我们盟友的秘密无线电：正因为如此，敌方总是想方设法地阻止我们去教堂——利用我们的自负、懒惰以及理性的骄傲来阻止我们。我知道有人一定会问："在眼下这个时代，你难道还想旧事重提，把我们那位长着蹄子和犄角之类的老魔鬼朋友拉出来说事儿？"说实话，我也不知道该在什么时候说这件事，而且我也不大反感蹄子和犄角。不过除去这些顾虑，我会回答："没错，我就是这个意思。"我并不声称自己知道他的模样。如果真有人想要更好地了解他的样子，我就会对这个人说："放心吧，要是你真想了解他，你一定会了解的。待你了解之后，究竟会作何感想，那就另当别论了。"

基督教神学简述（或者漫谈）

或许所有的基督教神学都可以追溯至以下两个事实：1、人们喜欢讲一些粗俗的笑话；2、人们认为死者是可怕的。粗俗的笑话说明，世界上有一种动物，对自身的动物性既厌恶又觉得有趣。除非人的精神和机体之间存在着龃龉，否则我认为，这种双重情感就是不可能的事：它恰恰就是精神与机体二者尚未同归一处的标志。但是，我们很难想象事情最初就是如此——很难想象一个造物会从一开始就会被吓得、或者被逗得半死，只因为它们自己的造物身份。我不觉得狗会由于成其为狗，就感到滑稽有趣；我想，天使也不会觉得作为天使有什么可笑之处。我们对于死者的感觉也同样地奇异。说我们讨厌尸体是因为惧怕鬼魂，那完全是无稽之谈。你倒不如说，我们害怕鬼魂是因为讨厌尸体，这倒是实话——因为鬼魂的吓人之处在于，它让你联想到惨白、腐烂、棺材、裹尸布和蠕虫。事实上，我们并不喜欢把尸体和鬼魂这两个概念剥离开来。因为死亡这件事本身就不能剥离，而分离之后的每一半都叫人讨厌。自然主义者就我们对于身体的羞耻感和对于死者的感觉都做了解释，但它们很难令人满意。这种解释诉诸的是原始禁忌和迷信——但禁忌和迷信显而易见只是问题的结果而非原因。然而，一旦你接受了基督教的教义，了解到人类原本是一个统一体，其现在的分裂并非古已有之，那么，所有的问题就可以迎刃而解。

3 月 12 日

什么是上帝的权威？

因此，基督徒相信，邪恶势力眼下正在这个世界上称王称霸。当然，问题也就由此而生。目前的这种形势是否符合上帝的意愿呢？如果回答是肯定的，你会说他是位古怪的上帝，如果回答是否定的，那么，既然他拥有绝对的权柄，怎么会有事情和他的意愿背道而驰呢？

然而，但凡曾经握有权力的人都知道，要使事情符合你的意愿，可以有各种各样的方式。一位母亲可以很明智地告诉她的孩子："我不会每天晚上都去你们的书房，督促你们整理房间。你们得学会自己收拾。"然后，有天晚上她去看了一下，却发现泰迪熊、墨水和法语教科书全部堆在炉栅里。这当然违反了她的意愿。她当然更愿意孩子们保持整洁。但在另一方面,给予孩子们自由,甚至是在房间里折腾的自由,同样也是她的意愿。在任何军队、工会或者学校里都会发生同样的事。你订了一条自愿遵循的准则,那么肯定有一半的人不会照办。这种结果确实不是你的意愿,但你的意愿却使之成其为可能。

3 月 13 日

这个不完美的世界:动态的创造

我们会问,一个好上帝所创造的世界怎么会变得如此败坏? 通过这个问题,我们真正想问的要么是:这个世界怎么会变得不那么完美——即她还有"改进的余地",就像校长们做报告时常说的那样——要么就是:这个世界怎么会变得如此不可救药? 如果我们想说的是第一个意思,基督教的答案就是(据我所见):上帝最初就将她创造成这样,以便她可以逐步发展,日趋完善。他最初创造大地的时候,"地是空虚混沌"①,而他引导它一步步地臻于完美。在此,正如在其他地方一样,我们可以看到一种熟悉的模式——由上帝降至混沌的大地,再由混沌重新上升至完善。在这种意义上,基督教确

———————————

① 《创世记》1:1。

实蕴含着某种程度的"进化论"或是"发展论"。

3月 14日

这个不完美的世界:败坏的造物

关于世界的不完美,我们就说这么多。其不可救药的败坏,我们需要一种完全不同的解释。根据基督徒的说法,这一切都要归咎于罪:人类的罪,以及强大的、非人类的、超自然的造物的罪……对于这类造物的病态的好奇心,曾使我们的祖先步入魔鬼学这一伪科学的歧途,因此,一定要严厉打消这种心理。我们对此的态度应该效仿战争期间那些清醒的市民,相信敌人的间谍就在我们中间,但不是草木皆兵,风声鹤唳。我们对此的关注应该仅限于如下所述:有一个不同的、更高的世界,其一部分与我们这个世界相互接壤。这个世界中存在着一种造物,像人类一样堕落,并且一直在打我们这边的主意。基督教教义不但证明自己能够使人类的精神生活硕果累累,同时也避免使我们对世界产生一种浅薄的乐观或悲观心态。仅仅把世界描述为"好的"或是"坏的",那是小学生的说法。我们会发现自己身处在一个充满了使人痴狂的欢娱,醉人心魄的美丽以及可望而不可及之机遇的世界,然而所有这一切都在不断被毁灭,最终化为乌有。世界总留给人这样的印象:它本是美好的,但已被损害。

人类的罪和天使的罪,都是由于上帝给予他们自由意志才成为可能:上帝放弃一部分权柄(又是一次向死的、朝下的运动),是因为他知道,在自由造物的世界中,即使他们会堕落,他却仍可以得到(在这里又是重新向上的运动了)喜乐和荣耀,远比一个自动装置的世界所能提供的更深沉,更完满。

3月15日

一旦开始,永无停息

普遍救赎的教义是从人类的救赎这一概念发展而来的。对现代人的思维而言,这一教义似乎只是神话,但事实上,它却比很多理论更加富有哲理。这些理论都认为,上帝自从创世之后,就会离她而去,从不曾改变她的实质;或认为,个别造物的荣耀可以不借助整个系统的荣耀而存在。但是要知道,上帝确实从未撤销任何事情,除了罪恶,他一旦开始就不会罢休,不会费力去重新来过。基督的这一位格就是上帝与世界的联合,这一联合不会破裂。他一旦进入世界,就不再会走开;世界若要得到荣耀,必是全方位的荣耀,因为这是奇异的联合所要求的。当春天来临的时候,"无一隅不绿";即便是落入池塘的鹅卵石也会向四周送去波纹。

更正我们的计算

如果我说你可以拨慢你的钟,并且说如果你的钟走错了,是件明智的事,你会不会认为我是在开玩笑呢?我们都想要进步。但进步意味着离你想去的地方更近。如果你拐错了一个弯,那么继续前进只会背道而驰。如果你走错了路,进步就意味着调一个头,走回正确的路上;这样的话,调头最快的人就是最进步的人。我们做算术的时候都经历过这样的事。如果我加错了数,我承认得越快,改得越快,重新开始得越快,那我算出来的速度就越快。固执己见,拒绝承认错误并不是进步的表现。我想,你看一下当今世界的形势就会发现,人类正在犯下某些巨大的错误,这是再明白不过的。我们走错了路。如果是这样的话,我们必须调头回去。调头回去是前进的最快方法。

每个选择都至关重要

人们经常将基督教道德看作某种讨价还价,即上帝说:"如果你能遵守这许多规则,我就犒劳你;如果你不遵守,我就得做点别的。"我认为这不是一种好的理解方式。我宁愿说，你每做一次选择，你都是在调转你的中心部分，即那作出决定的部分，使它稍稍偏离其原来的位置。纵观你的整个一生，你全部的生命就是通过无数选择，缓慢地改变这一中心部分，使它成为神圣的或是邪恶的造物——或者成为与上帝、与其他造物、与自我均保持和谐的造物，或者成为与上帝、造物同伴及自我不断争斗，彼此交恶的造物。成为其中的一种就是走进天堂：即拥有喜乐、和平、知识和力量。而成为另一种则意味着疯狂、恐怖、愚蠢、暴怒、无能，以及恒久的孤独。我们每个人每时每刻都在向或此或彼的方向前进。

3 月 18 日

理解邪恶

还记得我曾经说过的话吗？正确的路径不仅走向和平，更走向知识。当一个人变好的时候，他对残留于其自身的邪恶反倒愈加清醒。当一个人变坏的时候，他对自己的邪恶的了解反而越来越少。一个有点坏的人还知道自己并不算好，而一个彻头彻尾的坏蛋却认为自己一切都好。这其实是一种常识——你在醒着的时候知道睡眠的道理，但在睡着的时候并不知道。你在头脑清醒的时候能发现算术中的错误,可在算错的时候你并不知道;你在没醉的时候知道醉酒是怎么回事,然而在喝醉之后你并不知道;善良的人对善良和邪恶都有所了解,而邪恶的人对这两者全都一无所知。

3 月 19 日
根本的恶习

有一种恶习世上无人能够幸免,如果在别人身上看到这种邪恶,世界上每个人都会感到厌恶。此外,除了基督徒,很少有人能想到自己也有此恶习。我曾听到人们承认自己脾气不好,见了女孩或酒就头脑发昏,或者甚至承认自己是懦夫。但我想我从未听到一位非基督徒谴责自己的这种恶习。同时,我也几乎不曾遇见哪个非基督徒,对他人身上的这一弱点稍示怜悯。世上再没有别的过犯比它更容易使人不得人心,更容易使我们身陷其中却不自知。此外,我们自己中此毒越深,对他人的同一过犯就厌恶越深。

我所讲的这种恶习就是骄傲或者自满:在基督教道德中,与之相对的美德叫做谦卑。你可能会记得,当我谈到性道德时,我告诫你们说,基督教的核心道德并不在此。现在你看,我们已经谈到了这一核心。根据基督教导师的观点,这种根本的恶习或最大的邪恶，就是骄傲。淫荡、愤怒、贪婪、醉酒，所有这些与之相比都只是皮毛：正是由于骄傲，魔鬼才变成了魔鬼。骄傲是其他一切恶习的渊薮：它是完全反上帝的思维状态。

骄傲的竞争者

如果你想知道自己有多么骄傲，最容易的办法就是问问自己："在别人对我冷眼相待，或是忽视我的存在，或是对我多管闲事，或是摆出一付屈尊俯就的姿态，或是自我炫耀的时候，我对此究竟有多么反感。"关键在于，每个人的骄傲都和旁人的骄傲处于竞争状态。正因为我要在晚会上独领风骚，若是别人抢了我的风头，我才会如此恼怒。同行总是冤家。现在你要明了的是，骄傲在本质上就是竞争性的——它生来就要竞争——而其他的恶习处于竞争状态只能说是事出偶然。骄傲并不能从占有中获得快乐，只有当占有得多过别人时，它才会感到满足。我们常说，人们会因富有、聪明或漂亮而骄傲，但事实并非如此。只有当他们比别人更加富有、更加聪明、更加漂亮时，他们才会感到骄傲。如果其他每个人都是同等地富有、聪明或漂亮，那就没有什么好骄傲的了。比较是骄傲的源泉：骄傲就是超过其他人的快乐。竞争的因素一旦不复存在,骄傲也就不复存在。在某种意义上,骄傲的本质就是竞争性的,而其他恶习则不是……如果东西少得不足以满足每个人,那么贪婪也可以驱使人去竞争;但是骄傲的人即使所得已超过了所需,他还会攫取更多的东西,以维护他的力量。人们经常把邪恶归咎于贪婪或自私,但只有骄傲才是几乎所有这些邪恶的真正滥觞。

3月21日

婚姻的调解作用

路易斯悼念亡妻乔伊:

"太完美了,无法久长。"我忍不住想这样评价我们的婚姻。但是这话有两个意思。它可以是不折不扣的悲观主义——上帝还未来得及目睹我们两个人在一起的快乐,就终止了它("无一存留!")。他就像是雪利酒晚会上的女主人,两个客人方才露出娓娓清谈的样子,她就要把他们分开。但这句话还有另一个意思,即"事情已经登峰造极,其内在的本质业已发展圆满,当然不用再持续下去。"上帝好像在说:"好了,你已经掌握了这项练习。我很高兴。现在你要准备去做下一个了。"当你学会了解二次方程式,并且喜欢做的时候,你就不能在此消耗更多的时间了。老师会让你继续学习下面的内容。

我们确实已经学有所成。总有一把看不见的剑在两性之间挥舞，只有完整的婚姻能使他们和好如初。当我们男人看到女人具有坦诚、公正和骑士风度时，总是自负地把这些称作"男性特征"；女人们也总是骄傲地将男人的敏感、机智和温柔称为"女性特征"。然而，大多数纯粹的男人和女人一定只拥有可怜而扭曲得残缺不全的人性，才会使这些自负的想法站得住脚。婚姻会治愈这一切。两性的联合造就了完整的人性。"上帝就照着自己的形象造人"①。就这样，两性的狂欢就以一种悖论的方式，引导我们超越自己的性别。

3 月 22 日

骄傲迷人眼，不得见神光

基督徒们说得对：自创世以来，每个国度，每个家庭的悲剧都是由骄傲引起的。其他的恶习有时还可能将人们团结在一起：你会发现，在醉汉或色鬼之中，总是充满了良好的伙伴关系、欢声笑语和笃笃情谊。然而，骄傲却总是意味着敌意——它就是一种敌意。不仅仅是人与人之间的敌意，更是

---

① 《创世记》1:27。

人对上帝的敌意。

在上帝那里，你会遭遇一些事情，它们在各个方面都远胜过你十万八千里。除非你知道上帝的这一特性，并且因此了解，自己与之相比实在是轻如鸿毛——否则你就完全不能了解上帝。只要你骄傲，你就无法了解上帝。一个骄傲的人总是俯视着周围的人和事；因此，毫无疑问，只要你始终在往下看，你就无法看见在你上面的东西。

3 月 23 日

忘掉自己

有一些人显然极其骄傲自大，但他们却能说自己也信仰上帝，并且自以为非常虔诚，这又是怎么回事呢？恐怕这意味着他们崇拜的是一位假想的上帝。在理论上他们承认，在这位幻影上帝面前，他们自己一钱不值，但实际上却总在幻想，上帝会如何赞赏他们，认为他们远比一般人更优秀；也就是说，对上帝花上价值一个便士的假想的谦卑，从中却得出价值一英镑的骄傲，用来对付他们的同伴。我想，当基督说以下这话的时候，他一定指的就是这类人：有的人尽管奉他的名传道、驱鬼，他却会在世界末日的时候告诉他们，他从来也不认识这些人。[①] 我们任何人随时都有可能掉进这个死亡陷阱。幸运的是,我们有检验的办法。无论何时,只要我们发现自己的宗教生活让我们对自己感觉良好——说到底,就是我们比其他任何人都好——我想我们就可以肯定,是魔鬼而不是上帝正在我们身上作工。检验自己是否真正站在上帝的面前,就是要么你完全忘掉了自己,要么你发现自己又渺小,又龌龊。当然,还是完全忘掉自己比较好。

3月 24 日

骄傲的独裁

一切恶中之恶——骄傲,竟然能够混入我们生活的中心,这真是件可怕的事。但是你可以了解其原因。其他不那么糟糕的恶习都是由于魔鬼利用我们的动物本性才得以产生。但是骄傲却绝非来自我们的动物性。它直接来自地狱,纯粹是精神性的;因此,它远比其他罪恶更阴险、更致命。也正是因为如此,骄傲常被用来打击那些较为简单的恶习。事实上,学校的老师就常常借助一个孩子的骄傲,或者像他们所说的那

---

① 参见《马太福音》7:22—23。原文为:当那日必有许多人对我说:"主啊,主啊,我们不是奉你的名传道,奉你的名驱鬼,奉你的名行许多异能吗?"我就明明地告诉他们说:"我从来不认识你们,你们这些作恶的人,离开我去吧!"

样,借助他的自尊心来使他行为得体;许多人都克服了怯懦、情欲或者坏脾气,因为他们得知这些东西会有损尊严——这就是骄傲在起作用。魔鬼正在大笑。只要他在你心里建立的骄傲独裁政权能够一直运作不休,看到你因此而变得贞洁、勇敢、克制,他真是满意之至呢——这就好比如果他能有机会让你患上癌症,那他将很乐意看到你的冻疮痊愈。因为骄傲就是精神的癌症:它将吞噬一切爱、满足,甚至具备常识感的可能性。

3月25日

区区小错

因受到夸奖而快乐并不是骄傲。一个孩子因为成绩优秀被拍了拍后背,一个女子因为美丽受到爱人的赞美,得救的灵魂受到基督的夸奖,说他们"做得好",这些人都会感到快乐,也理应感到快乐。因为在这里,快乐并非来自你本身,而是由于你使你想要取悦(并且应该取悦)的人感到喜悦。但当你的想法从"我让他高兴了,一切都很好"变成"我让他高兴了,可见我是个多么出色的人"时,问题就来了。你对你自己愈加沾沾自喜,对别人的夸奖愈加漠不关心,你就变得越来越糟了。当你的喜悦完全由自己而生,甚至完全不在意任何赞美的时候,你就糟糕到了极点。这就是为什么尽管虚荣心是一种表面的骄傲,它却是最不坏、最可以原谅的一种。虚荣的人过多地需要夸奖、掌声和赞美,并且总是对这些东西孜孜以求。这是一种错误,但却是一种孩子气的错误,甚至(在一种古怪的意义上)只是区区小错。这说明你还并不是完全只满足于自我欣赏。你把他人看得太重,只是为了让他们注意你。所以事实上,你还可以算作是人。

恶魔般的骄傲

当你如此瞧不起他人,以至于完全不在意他们对你的看法时,真正黑暗的、恶魔般的骄傲就应运而生了。当然,如果我们不在意他人的意见是出于正当的理由,即因为我们无比关心上帝的意见,那么这样做并没有错,我们也常常应该这样做。但是,骄傲的人对此有不同的理由。他认为:"为什么我要在意那些贱民的掌声,就好像他们的意见真有价值似的?就算他们的意见有点价值,可我是那类一受称赞就脸红的人吗?我又不是初次跳舞的黄毛丫头。不,我具有健全而成熟的人格。我所做的一切都是为了满足我自己的理想——为了我高尚的良知——为了我家族的传统——一言以蔽之,是因为我与众不同。如果那伙乌合之众喜欢我,让他们喜欢好了。他们对我来说一文不值。"就这样,真正彻头彻尾的骄傲遏制了你的虚荣。这是因为,就像我之前所说的那样,魔鬼喜欢用一个大错来"治愈"你的一个小错。我们必须努力克服虚荣心,但我们永远不能借助骄傲来克服它。

3 月 27 日

传统意义上的骄傲

我们常说某人为他的儿子或父亲、学校或军队而"骄傲",有人可能会问,这个意义上的"骄傲"是不是一种罪。我想,这取决于这种"骄傲"的确切含义。通常,在这样的句子里,"为……骄傲"这一短语意味着"怀有一种热诚的钦慕"。这样一种钦慕当然和罪恶相去甚远。但是它很有可能意味着:此人因为有一位卓尔不群的父亲,或者属于一个著名的军团,就摆出一副不可一世的派头。这无疑是一种错误。但即使这种错误也比单纯因自己而骄傲要好。对你身外的事物抱有喜爱和钦慕,离那种彻底的精神败坏还有一步之遥。当然,只要我们爱慕任何事物超过爱慕上帝,我们就还不够好。

接触的关键

我们千万不能认为，骄傲是一种被上帝禁止的东西，因为它冒犯了他；也不能认为，谦卑就是上帝所要求的东西，因为那是他自身的尊严所应得的——这么说就好像上帝也是个骄傲的人。他根本不担心他的尊严问题。问题的关键在于，他想要你们了解他，想要把他自己给你们。而你和他是这样一种关系：如果你真的和他有所接触，不管是哪种接触，你事实上都会变得谦卑——一种快乐的谦卑，由于摆脱了所有那些关于你自我尊严的鬼话——它们已使你一生精疲力竭、郁郁寡欢——从而感受到一种无限的解脱。为了使这一时刻成为可能，他正努力使你变得谦卑：努力卸掉那许多的愚蠢、丑陋和假面的负担，在这种负担下，我们全都神经紧张，像些小傻瓜一样装模作样。我希望我自己已经学会更加谦卑一些：如果真是这样的话，我就能告诉你们更多解脱和安逸的感受——在你卸下假面，摆脱虚假的自我，和所有那些"瞧我有多棒！"、"我难道不是很好吗？"之类的蠢话以及所有的装腔作势之时，所得到的解脱和安逸。只要尝到这种滋味，哪怕只有一刻，都好比荒漠中的人尝到了清泉。

3 月 29 日

第一个步骤

如果你能遇到一个真正谦卑的人，别认为他一定就是今天人们所称的那种"谦谦君子"。他不是那种油嘴滑舌、满嘴好话的人，而总是在告诉你他一无所长。很可能你认为这种人只不过是个讨人喜欢的聪明家伙，真的在意你对他说的话。如果你不喜欢这样的人，那是因为你感到有点嫉妒：嫉妒别人可以如此轻而易举地快乐生活——他用不着考虑什么谦卑的问题——他根本不会想到自己。

如果有谁想要做到谦卑，我想我就会告诉他第一个步骤：要意识到自己的骄傲。这也是比较大的一步。至少，在此之前你什么也做不了。如果你认为自己并不自负，这意味着事实上你非常自负。

3 月 30 日

关于谦卑

大魔头私酷鬼正在研究谦卑的美德：

你的病人现在变得谦卑了，你让他注意到下列事实了吗？一旦这人意识到自己拥有某些美德，所有的美德对我们来说就没那么可怕了。谦卑这一美德尤为如此。你要在他精神脆弱的时刻抓住他，向他的头脑里灌输一种自满的想法："天哪，我如此谦卑"，然后几乎就在同时，骄傲——对于他自己谦卑的骄傲——就冒了出来。如果他意识到这种危险，并努力打消这种新型的骄傲，那就让他为自己的努力而骄傲吧——就让他一直骄傲下去，你用多少步骤都行。但这套把戏可别玩得太久，以免唤起他的幽默感和判断力，否则他就会把你嘲笑一番，然后上床睡觉了事。

不过，还有其他有效的方法可以把他的注意力固定在谦卑这一美德上。通过这一美德和其他所有的美德，我们的"敌人"想要把此人的注意力从自我转向他，并转向此人的邻人。所有的落魄和自我厌恶最终都是用来服务这一目的；但除非它们真的达到了这个目的，否则它们对我们几乎是无害的，甚至可以对我们有好处，只要它们使这人只注意自己。更重要的是，只要自我蔑视能变成蔑视其他一切自我的起点，它就能成为意气消沉、玩世不恭和心狠手辣的起点。

3 月 31 日

谦卑的错误目的

私酷鬼继续研究谦卑的美德：

因此,你必须向病人隐瞒谦卑的真正目的。让他以为谦卑并不是忘记自我,而是对其才能和性格的一种看法(也就是一种较低的评价)。我想他的确拥有某些才能。要在他的头脑里根植一种观念,即谦卑就在于试图相信那些才能比他所认为的更加微不足道。毫无疑问,事实上它们确实没有他所想的那样有价值。但这不是问题的关键。最重要的事情就是要使他看重对于自身某些品质的评价,甚过看重真理;这样,他的心灵就滋生出一种狡猾和虚伪的因素:在其他情况下,他可认为这些品质绝对弥足珍贵呢。正是通过这种方法,成千上万的人都误以为,谦卑的意思就是漂亮女人试图相信自己很丑,聪明人试图相信自己很笨。由于他们试图相信的事情在某些时候显然是扯淡,他们实在没法相信它。这样,我们就有机会让他们在这种不可能的任务中,没完没了地绕着自我打转。

四 月

谦卑的真正目的

大魔头私酷鬼继续研究谦卑的美德:

要想预知我们的"敌人"的策略,我们必须考虑他的目的。"敌人"想要将人带入这样一种思想境界:在其中,他能够设计出世界上最好的教堂。他知道它是最好的,并因此而欢欣鼓舞。倘若是别人做了这事,他的喜悦还是如同自己做了一样,并不会多一分、少一分或是因此而改变。"敌人"想让他最终变得如此自由,不再有任何利己的私心,以至于他尽可以坦坦荡荡而心怀感激地为自己的才能感到喜悦,就像为他邻人的才能而喜悦——像为一次日出、一只大象、一滴露珠而喜悦一样。"敌人"想让每个人最终都能认识到,所有的造物(包括此人自己)都是同等的光荣和优秀。他想要尽快消除人类动物式的自恋。我担心，使他们重获一种新的自爱——一种对于所有的自我，包括对他们自己之自我的仁爱和感激，正是他的长远策略。当他们真的能够爱邻如己的时候，他们也就获准可以爱己如邻。我们绝不能忘记"敌人"最讨厌、最怪异的癖性：对于自己创造的这些无毛的二足动物，他实在是真心喜爱！要是他用左手拿走了他们的一些东西，又总是用右手还给他们。

4月2日

根本的罪

传统的教义追究的是一种触犯上帝的罪，一种不顺服的行为，而不是一种触犯邻人的罪。毫无疑问，如果我们想要在任何真正的意义上掌握有关堕落的教义，我们就必须在更为深刻、更不囿于时空的层面上，而不是在社会道德中，寻找这一大罪。

圣奥古斯丁将这一罪恶描述为骄傲的恶果，是一个造物（意即一个本质上并不独立的造物，无法依赖自我而生存，只能互相依赖）以自我为根基，仅为自我而生存的行动。这样的罪并不要求复杂的社会环境，不要求丰富的社会经验，不要求太多的智力发展。从一个造物意识到上帝和自我的分野那一刻起,选择上帝还是自我作为生存的中心,这个可怕的非此即彼的选择就已摆在他眼前。每时每刻,从小孩子、无知的农民到老于世故的人,无人不在犯下此罪。隐居者并不比生活在社会上的人犯得更少:这是每一个个体生命的堕落,是每一个个体生命在每一天都会犯下的罪,是所有具体罪恶背后根本的罪。就在此时,你我要么正在犯罪,要么将要犯罪,要么就在忏悔。

4月3日

通向虚无的缓坡

大魔头私酷鬼正在揭示虚无的秘密:

基督徒在描述我们的"敌人"时总是说:"离了他,没有什么是强大的。""没有什么",即虚无,确实非常强大①;强大得足以偷走人的青春年华。但它并不动用一些有趣的邪恶手段,而只是使人心里充满了乏味的、倏忽不定的念头,既不知其然,也不知其所以然。它使人的好奇心如此麻木,以至于他很难觉察到好奇所带来的喜悦。它使人终日浑浑噩

---

① 此句为双关语。前文中的 nothing is strong 原意为"没有什么是强大的",而此句中的 Nothing 为大写,意即虚无。因此第一句话也有"虚无是强大的"之义。

噩,只是敲手指、翘脚跟、哼着自己不喜欢的调子,或者最终沉溺于漫长而昏暗的白日梦迷宫。这种幻梦甚至缺乏欲望或野心所能带来的兴味,但只要偶然的联想激起了这类兴味,那些可怜虫甚至虚弱或糊涂得连摆脱它们的力气都没有。

你会说,这都是些鸡毛蒜皮的小罪过;毫无疑问,和所有初出茅庐的引诱者一样,你总想迫不及待地报告一些罪大恶极的行为。但是你要切记,事情的唯一要害在于你离间人类和"敌人"的程度。罪过再小也没有关系,只要它们累积起来足以使人类步步远离光芒,走入虚无。如果用计可以达到目的,你就不要搞谋杀。通向地狱最保险的办法就是循序渐进——就是一个缓坡,踩上去松软舒适,没有急转弯,没有里程碑,也没有路标。

4月4日

靠近上帝还是靠近地狱

私酷鬼正在解释各种基本的罪恶:

你抱怨说,我的上一封信并未解释清楚,恋爱对于人类究竟是否为一件美事。不过说真的,窝木,这类问题应该由他们来问才对! 让他们去讨论"爱情"究竟是"好"还是"坏"吧,类似的话题还有爱国主义、独身主义、圣坛上的蜡烛、戒酒和教育①。你难道没有发现，这些问题根本就没有答案吗？它们是坏是好根本无足轻重，真正重要的事情，就是一种既定的思维，在既定的环境和既定的时间下，将使一个特定的病人向何处靠近——究竟是靠近"敌人"还是靠近我们。因此，让病人自己决定爱情究竟是"好"是"坏"，对我们非常有利。如果他为人倨傲，对肉体怀有厌恶之心——这种厌恶本来是出于心灵的敏感纤美，他却误以为是出于贞洁——如果他总喜欢对旁人所赞成的举动嗤之以鼻，那你就用尽一切办法让他反对爱情，给他灌输一种自以为是的苦行思想。然后，当你让他的性欲完全无法与人之常情相通融，你就用更没有人性、更玩世不恭的泄欲方式来折磨他。另一方面，如果他是个感情用事的轻信之人，你就用蹩脚诗人和老式末流小说家的作品喂饱他，直到使他相信，爱情无可抗拒，其本身就具有价值。我向你保证，这种念头无助于产生轻率的不贞行为，不过它倒是一份无与伦比的配方，可以制造出持久的、"高雅的"、浪漫而又悲情的私通关系，如果一切顺利的话，这种行径会以谋杀或自杀收场。

---

① 作者列举的这些条目，都是当时常常在社会上引起争议和分歧的话题。

"无私"的歧义

私酷鬼正在研究无私的问题：

最大的难题就是"无私"的问题。请注意，我们美妙的语言学武器又一次帮了大忙，它替换了"无私"这个否定性的词，代之以"敌人"所说的、肯定性的"仁慈"。多亏这一概念偷换，你才能够从一开始就教会人类放弃自己的利益——不是因为他人会因此而幸福，而是因为放弃利益就会显得无私。这样我们就赢了重要的一步。另一处有利于我们的地方，就是我们的当事人有男有女，而我们在两性之间所建立的"无私"概念并不一致：在女人那里，无私主要意味着为他人排忧解难；而对于男人而言，无私就是不给他人添麻烦。如此一来，一个女人若是远离"敌人"的魔下，就会比任何男人都更加招人讨厌（除了那些完全由我们父所控制的男人）；反之亦然，如果一个男人为了取悦他人，自动承担过多的工作，和一个普通女子每日所做的一样多，那么他也就不能久居在"敌人"的营中了。女人想的是为他人排忧解难，男人想的是尊重他人的权利，而每个男女都会理所当然地视对方为极其自私的人，事实上他们也是这样看的。

"无私"游戏

私酷鬼正在讲述一个"无私之家"的趣事：

这个游戏最好有两个以上的人参加，比如某个子女都已成年的家庭。有人提议去花园里喝茶。其中一个家庭成员小心翼翼地解释说，他不想喝茶，但是出于"无私"，他仍准备陪着大家一起喝。其他人立即收回他们的建议，表面上也是出于他们的"无私"，实际上却是因为，他们不想被第一个说话者当作傀儡，用来表现他那小小的利他主义。然而，第一个人也不愿被剥夺肆意表现自己"无私"的权利。他坚持要做"其他人想做的事"。而他们又坚持要做他想做的事。火药味就这样出来了。很快就会有人说："那么好吧，我不喝什么茶了！"真正的争吵随之而来，双方全都恶声恶气。你看清这整个过程了吧？如果每一方都坦诚地坚持自己的真正愿望，他们就不会丧失理智、风度尽失。恰恰是因为这些主张都被颠倒过来，每一方都在为对方的愿望争斗，所有的怨恨（实际上源自受挫的自以为义、刚愎自用以及过去十年的宿怨）都通过那些名义上的、冠冕堂皇的"无私行为"得以隐瞒，或者至少以此为借口……一位有识之士曾坦言："要是人们知道无私究竟惹来了多少敌意，牧师们就不会这样吹捧它了。"还有这么一种说法："她是那种为别人而活的女人——要想知道那些'别人'是谁，看看他们避之唯恐不及的表情就明白了。"

4月7日

半心半意的渴望

如果今天你问二十个好人，他们眼中最高的美德是什么，十之八九的人都会回答是"无私"。但如果你问从前任何一个伟大的基督徒，他就会回答说，是爱。你看到这其中的转变了吗？一个肯定性的词被一个否定性的词取代了，这不仅仅具有语言学上的重要性。无私一词的否定含义不仅主要表达了确保他人好处的意思，还暗示我们自己无需与他人建立联系，就好像最重要的事并非他人的幸福，而是我们自己的节制。我认为这并不是基督教所说的爱的美德。《新约》有很多篇幅谈到了自我弃绝，但自我弃绝并不是其自身的目标。我们被告知要自我弃绝，背起我们的十字架，这一切为的是我们能跟随基督。有一些段落描述了我们这样做最终所能找到的东西，几乎每段这样的话都呼吁我们要心怀渴望。大部分现代思想观念中都隐藏着这样的想法，即渴望我们自己得到好处、获得快乐是不正当的。我认为这种观点是从康德和斯多葛学派那里舶来的，并不属于基督教信仰的一部分。的确，如果我们想想福音书里关于报酬的许诺是何等的落落大方,这种报酬又是何等的慷慨惊人,我们就会觉得,我们的主一定认为我们的渴望远非太强,而是太弱。我们都是些半心半意的可怜虫,当无限的欢乐摆在面前时,我们依然沉溺于酒色和野心。就像一个无知的孩子,宁愿终日在贫民窟里玩泥巴,因为他无法想象得到一个海滨假日意味着什么。我们真是太容易满足了。

4月8日

"和平演变"

大魔头私酷鬼再三重申他的前提:

不论他选择什么立场,你的主要任务都不变。第一步要让他将爱国主义或者和平主义当成他生活的一部分。然后让他在政治理念精神的影响下,将其视为最重要的一部分。接着要悄悄地、慢慢地将他培养到一个阶段,使宗教反而仅仅变成"事业"的一部分;在这一事业中基督教之所以受到重视,只因为它能够为英国的战争行动或者和平行动提供有利的论据。你要提防一种态度,即将现世的事务主要看作归顺宗教的工具。一旦你将世界变成目的,将信仰变成手段,你的猎物就插翅难逃了。至于他追求的究竟是哪种世俗的事业,根本无关紧要。只要那些会议、宣传手册、政策、运动和工作在他心里的分量要胜过祷告、圣餐和仁爱，他就是我们的瓮中之鳖——他对那些事情越"虔诚"（在上述情形下），我们的把握就越大。告诉你，这样的猎物已经有满满一笼了。

4月9日

喜新厌旧

大魔头私酷鬼正在展示一种可使人精神涣散的有力工具：

如果人们终究还是成了基督徒，我们所要做的事，就是使他们保持一种我称之为"不仅仅是基督教"的观念。你知道——诸如基督教和濒死体验、基督教和新心理学、基督教和新秩序、基督教和信仰治疗、基督教和灵媒研究、基督教和素食主义、基督教和拼写改革。如果他们一定要成为基督徒的话，至少也要让他们成为基督徒和一个别的什么。让信仰本身被一些染有基督教色彩的时髦玩艺儿所替代。要利用他们喜新厌旧的心理。

喜新厌旧是我们在人类心灵中创造的最有价值的情感——宗教里的异端邪说、议事时的愚蠢决定、婚姻中的欺骗背叛和友谊中的出尔反尔，全都以此为不竭之源。人类居住在时间里，需要按部就班地体验真理。若要有所体验，他们就必须经历许多不同的事，即经历变化。而"敌人"（他在本质上是个享乐主义者)就使变化令他们欢心,就像他使吃饭令他们欢心一样。但由于他不希望他们为了变化而变化,就像为了吃饭而吃饭一样,他使他们同样爱好永恒如同爱好变化,并因此保持了平衡。他利用变化和永恒的结合,即我们所说的节奏,设法同时满足这个世上的两种胃口。他给予他们四季,每个季节各异其趣,然而每一年都周而复始。因为,春天常常令人倍感新奇,同时又是一个古老主题的再现。他在教会里给予他们神圣的一年,使他们时而斋戒,时而宴饮,只不过此时的宴饮和彼时并无二致。

4 月 10 日

求新求异

私酷鬼解释变化带来的愉悦感如何腐化为对新鲜感的渴求:

刚才我们谈到了吃饭的愉悦感,并将它夸大成一种饕餮行为。现在我们也要用同样的方法对待这种由变化带来的自然愉悦感,把它扭曲成一种对于纯粹新鲜感的渴求。如果我们玩忽职守,那么人类对于新鲜感和熟悉感的合一,就不仅仅会感到满足,更会心驰神往——他们将沉醉于某年一月的雪花、某天早晨的日出以及某个圣诞节的葡萄干布丁——这些在他们看来,都是既新奇又熟悉的。孩子们若没有我们的调教,就会对一季一换的游戏感到心满意足,夏去秋来,打栗子的游戏也会相应地变成跳格子。我们只有不断努力,才能使他们不断渴求永无止境、永无规律的变化。

这种渴求从若干方面来说都是难能可贵的。首先,它在削减快感的同时助长了欲望。新鲜感所带来的快乐,在本质上比其他任何东西都符合报酬递减的规律①。此外,保持持久的新鲜感需要巨大的花费,因此欲望会招致贪婪或者不快,甚至两者都有。与此相类,欲望愈加贪婪,它就会愈快地耗尽愉悦感的所有单纯来源,并且愈加迅速地进入"敌人"所禁止的领地。举例来说,通过煽动喜新厌旧的情绪,我们可能已经使艺术变得对我们更加无害(和过去相比),因为"低级趣味"和"高级趣味"的艺术家一样,如今每天都受到不断翻新的诱惑,包括过度的淫荡、非理性、残忍和骄傲。

4 月 11 日

激情不再

更重要的是(我很难找到合适的词汇来告诉你们这有多么重要),只有那些甘愿承受激情的丧失、甘愿安下心来勤俭度日

---

① 报酬递减,指资本和劳力增加到一定程度后,生产率不能与资本和劳动力成比例地增加。

的人，才最有可能在一些全然不同的领域中发现新的激情。一个人本来已学会了飞行，已成为优秀的领航员，却有可能突然发现音乐的妙处；一个定居佳所的人可能会发觉园艺的乐趣。

我想，基督说一个事物必须置之死地而后生，即蕴含了此意。试图维持激情绝非好事：这恰恰是你所能做的最糟的事。就让那兴奋感自行消逝吧——就让它烟消云散——你要继续穿越那杳无生气的死寂，但随后就会得到更加恬淡的乐趣和幸福——你会因此而发现，你正居住在一个永远令人兴奋的世界里。然而，如果你决定把激情当作一日三餐，试图人为地将其延长，它们反而会日益微弱、日益减少。如此一来，在整个余生中，你都只能是一个无精打采而幻想破灭的老人。正因为很少有人理解这点，你会发现，许多中年男女都为他们逝去的青春年华喋喋不休，而在他们这个年纪，本应有新的地平线冉冉升起，有新的大门为他们开启。相比于没完没了（且毫无希望）地试图回去寻找你孩童时初次玩水的感受，继续学习游泳要有意思多了。

4月12日

我的时间就是我的

大魔头私酷鬼正在描述一种至关重要的骗术：

人类不会仅仅因为不幸而发怒，但如果他们觉得这是一种伤害,他们就会怒不可遏了。只要他们合法的要求遭到否决,他们就会觉得受了伤害。所以,如果你能诱使你的病人对生活提出越多的要求,他就会越加频繁地感觉受了伤害,并因而变得脾气暴躁。这时你一定会注意到,没有什么事情能使他如此轻易地勃然大怒,除非他觉得,应由自己掌握的一段时间突然被剥夺了——正是一位不速之客的来访(在他盼望度过一个安静的傍晚之时),或是一位喋喋不休的朋友之妻(在他希望和朋友促膝长谈时出现),才使得他如此烦躁。不过,此时他还算不上太过冷漠或懒散,毕竟,这些需要他费心的小小要求本身都并不过分。它们之所以会激怒他,是因为他把时间看成了自己的财产,觉得有人正在把它们偷走。所以你必须热心地帮助他捍卫这个古怪的念头:"我的时间属于我自己。"让他产生一种感觉,即他是每天二十四小时的合法所有者。让他把他必须交付给老板的那一部分时间看作是沉重的赋税,把交付给宗教职责的另一部分时间看作是慷慨的捐赠。但是绝不能允许他怀疑,受到这些克扣的总体时间,在某种神秘的意义上,正是他自己与生俱来的权利。

4月13日

未经检验的假设

大魔头私酷鬼正在指导瘟木鬼如何搅乱人的思维:

你要让他一直相信这样的假设。但这个假设是如此荒唐，以至于它一旦受到质疑，连我们都没法找到一丝辩护的辞令。他既无法创造、也无法留住时间的一分一秒；时间对他来说完全是白白的馈赠；他要是把时间当作私有财产，还不如把太阳和月亮也当作私有财产呢。在理论上，他应该用全部时间和身心来侍奉我们的"敌人"；如果"敌人"以人形向他显现，要求他一整天都须完全侍奉"敌人"自己，他也不应拒绝。如果那一整天要做的事不会比听一个笨女人聊天更累人，他就应感到莫大的欣慰了。如果"敌人"告诉他，那一天中有半个小时"可以走了，自己去玩吧"，他是不是会轻松到失望的程度呢。现在如果他想一想先前那个假设，他自己也一定感到荒唐，因为事实上，他的每天都是如此这般被赐予的。因此，当我说要让这个假设在他脑海里生根时，我并不是要你为他提供一些支持该假设的论据。这样的论据是不存在的。你的任务纯粹是消极的。无论如何不要让他起疑就行了。要在这假设的四周罩上一层黑暗。在那黑暗的中心，让他能心安理得地保持对时间的独占欲，使这欲念不受质疑，恒久有效。

4 月 14 日

"拥有"的微妙区别

私酷鬼大力提倡"糊涂"和"骄傲"：

我们要永远鼓励普遍的占有欲。人类总是不断地提出所有权的要求，这无论在天堂还是在地狱听起来都是一样的可笑，而我们必须让他们一直这样要求下去。现代人对贞洁的反抗就是来自这样的信念：他们是自己身体的"主人"——身体可是一笔巨大的、危险的财产，总是和创造世间万物的能量息息相通。而在现实世界中，人们发现自己不但不能完全支配身体，还会被另一个人从中任意驱逐出去[1]！他们就像一个皇室的孩子，其父亲出于对他的喜爱，把某片富饶的土地归在他的名下，实际上则请一些贤明的顾问进行治理，于是这孩子就想象他真的拥有那些城市、森林和谷物，就好像他拥有育儿室地板上的砖块一样。

要制造这种占有欲，我们不仅要借助人类的骄傲，还要借助于他们的糊涂。我们要教会他们忽略物主代词的不同含义，让他们混淆一系列不同层次的"拥有"——从"我的靴子"、"我的狗"、"我的仆人"、"我的妻子"、"我的父亲"、"我的主人"一直到"我的上帝"。我们可以教导他们，把所有这些含义简化到"我的靴子"这一层，即"归我所有"。

———————

[1]　此处的另一个人指上帝，从身体中驱逐指使人死亡。——译注

我的！我的！我的！

大魔头私酷鬼供认关于"拥有"的真理：

即使是幼儿园里的孩子也可以学会"我的泰迪熊"一语的意思：它并不代表那种老掉牙的假想爱心，表示孩子和熊有一种特殊的联系（如果我们不留神的话，那倒恰恰是"敌人"想教给他们的意思），而是表示"这是我的熊，如果我乐意的话，我可以把它撕碎"。而在天平的另一端，我们已教会人们像说"我的靴子"那样去说"我的上帝"，意指一个"因我的出色侍奉而有求必应的上帝，我从教士们那里赚来的上帝——我所垄断的上帝"。

从始至终最可笑的事情是：如果"我的"一词完全代表占有，那么人类其实无法将任何东西说成是"我的"。到头来说这话的要么是我们的父，要么是"敌人"，他们会说一切存在之物都是"我的"，尤其是每个人类。别担心，人类最终会发现他们的时间、灵魂和身体究竟属于谁——无论发生什么，肯定不会属于他们自己。目前，我们的"敌人"仗着那条迂腐而死板的理由，即他创造了万物，便声称一切都是"我的"。不过，我们的父也希望最终凭借着征服而声称，一切都是"我的"——相比之下，"征服"这个理由可是更实在，更厉害啊。

母爱

一个鬼魂与一位天使争论。后者是她生前的兄弟雷金纳德：

"一派胡言。这是邪恶的、残忍的谎言。怎么可能有人爱他们的儿子胜过我的爱？这些年来，难道我不是一直生活在对他的回忆中吗？"

"你这么做是错的，帕姆。你在心底知道这是错的。"

"我做错什么了？"

"那整整十年的哀悼仪式——原封不动地保留他的房间，保留纪念日。尽管迪克和穆丽尔两人都过得很糟，你仍然拒绝搬离那栋房子。"

"他们当然什么也不在意。我知道。我很快就明白了，别想从他们那里得到真正的同情。"

"你错了。没有人比迪克更痛惜他儿子的死。没有几个女孩能像穆丽尔那样爱他们的兄弟。他们受不了的不是米歇尔，而是你——受不了你让他们完全生活在过去的阴影之下。那甚至不是米歇尔的过去，而是你的过去。"

"你真没有心肝。每个人都没有心肝。过去就是我所有的一切。"

"你所有的一切完全是你选择的。你不能这样对待悲痛。这完全是埃及人的方式——就像用防腐药物把死尸保存起来。"

"哦，那是当然，我错了。照你看来，我所说和所做的一切都是错的。"

"当然是错的!"天使说着,他浑身都闪耀着爱与欢乐的光辉,使我头晕目眩。"那是我们来到这个地方必然会发现的东西。我们以前一直是错的! 这真是最大的笑话。没有必要再假装我们以前是对的! 承认了这一点,我们就获得了生命。"

4月17日

家庭专制

路易斯为悼念亡妻乔伊而作:

信守对死者、或其他任何一个人的承诺,都是非常好的事。但是我开始领悟到"尊重死者的意愿"是一个陷阱。昨天我及时制止自己说一些无聊的话,比如"海伦不会喜欢这个"。这对其他人来说是不公平的。我很快就会用"海伦曾经喜欢什么"作为家庭专制的工具,而她那假想中的喜好也会日益成为我行使自身意志的托辞。

4月18日

上帝就在她身边

路易斯为悼念亡妻乔伊而作:

另一方面,有言道"叩门,就给你们开门"①。但是,叩门是否意味着像个疯子一样,对着门又捶又踢呢?又有言道"凡有的,还要加给他"②。归根到底,你自己必须具备足够的包容力去接受,否则即使是全能的主也无法给予你。也许,你自己的情感暂时销蚀了这种包容力。

当你和上帝打交道的时候,可能会犯下各种错误。很久以前,那时候我们还未结婚,一天早晨海伦正在忙着工作,却始终有一种模糊的感觉,(如同)"上帝就在她身边",要求她的侍奉。当然,她不是一位完美的圣徒,像往常一样,她觉得那不过是要她处理一些尚未忏悔的罪过,或者尽一些枯燥无味的职责。最后她还是服从了——我知道人们通常会怎样回避这种事——她来到他的面前。但是她得到的信息是"我要**给予你一些东西**",她的心立即充满了喜乐。

4 月 19 日

销蚀的迹象

大魔头私酷鬼建议瘟木鬼用时间来损耗人的灵魂:

---

① 参见《马太福音》7:17。
② 同上,25:29。

"敌人"曾经保护人类在第一轮大诱惑中免受你的伤害。然而,只要他尚存人间,时间本身就是你的盟友。人到中年,无论尊荣富厚,还是时运不济,那年岁都是一样的千篇一律、黯无尽期,这就是你最佳的行动时机。你看,那些可怜虫实在难有百折不回的风骨。苦难步步紧逼,青春的爱与希望逐渐凋零,他虽常年与我们的诱惑作战,却是屡战屡败,于是心生淡淡的绝望(却并不觉得是痛苦);我们在他们的生命中制造了一潭死水,又教会他们对此心生莫名的恨意——所有这些都提供了绝佳的机会,来销蚀一个人的灵魂。另一方面,如果人到中年终于飞黄腾达,反对我们更加有利。荣华富贵会将人捆绑于俗世。他会觉得自己在俗世中"找到了位置",而事实上,却是俗世在他心中找到了位置。他的声名日渐显赫,交际圈子日益广泛,自我感觉良好,新鲜有趣的工作使他压力渐增,这些都让他觉得自己在俗世中"爱得其所",而那正是我们的目的。你会注意到,普遍说来,比起中年人和老年人,年轻人面对死亡时更少畏惧呢。

4 月 20 日

拆解灵魂

私酷鬼的长篇大论——长寿如何能够促进地狱的根基大业:

"敌人"既已莫名其妙地在他永恒的国度里为那些可怜虫安排了永恒的生命,也就颇为有效地使他们免除了一种危险——不让他们在其他任何地方感到同样宾至如归。正因为如此,我们才不得不时常期待我们的病人能够长命百岁;因为要完成这样困难的任务——把他们的灵魂从天堂里拆解下来,使他们紧紧地依恋着尘世——七十年对我们来说可并不是很宽裕的。他们在乳臭未干的年纪反而总会从我们的手心里逃走。即使我们想方设法,使他们缺乏最浅显的宗教知识,但幻想、音乐和诗歌所引发的狂飙——甚至仅仅是女孩的脸庞——总会把我们全部的工作成果连根拔起。他们起初就是不想安心着力于在俗世中的擢升、审慎的社交或者明哲保身之道。他们对于天堂的向往是如此坚不可摧,在这一阶段,我们只有一种最佳途径可使他们迷恋尘世——要让他们相信,尘世可以在未来的某一天转变为天堂——通过政治、优生学、科学、心理学或者别的什么东西。使人类真正世俗化是需要时间的——毫无疑问,还需要骄傲从旁协助,只要我们教会他们,将潜伏的死亡认作是良好的智识、成熟或是经验。经验,就我们传授给他们的特殊意义而言,是最有用的一个词。有位伟大的哲学家几乎泄漏了我们的秘密,因为他曾说,"经验就是错觉之母"。多亏时代的风向标变了,当然,也多亏了历史视角的日渐流行,我们已经在很大程度上使他的著作变得无伤大雅了。

秘密的线索

有些时候,我曾认为我们并不渴求天堂;但在更多的时候,我扪心自问,在我们内心深处,我们是否渴求过任何别的东西。你可能注意到了,你真正喜爱的书籍都由一条秘密的线索串在一起。你非常清楚地知道,它们有一些共同之处使你爱之甚切,尽管你没法用言语表达出来。而你的大多数朋友却对此浑然不解,并且总是奇怪为什么你在喜欢这本书的同时竟也会喜欢那本书。与此相类,你面对一片风景,它们似乎蕴涵了你终生求索的东西,而后你转向身边的朋友,他似乎也正看着你看到的一切——然而,话一出口,你们之间就裂开了一道鸿沟。你会意识到,这风景对于他的意义全然不同,他所追求的景致与你格格不入,那些难以言表的触动令你魂牵梦绕,他却毫不在意。更有甚者,在你的个人嗜好中,不也总有一些秘密的兴趣所在吗?很奇怪,别人竟对这些一无所知——你无法认出它们究竟是什么,但秘密就在嘴边,欲说不能,恰如工房里木屑的味道,或是水击船舷的波声。

"更多"的迹象

所有终生的友谊岂非都诞生于这样的时刻？你最终遇到了另一个人,他身上具有某种特质(在最好的情况下,这种迹象也是微弱而不确定的),而你对这些特质有种与生俱来的渴望之情。在其他欲望的涌动之下,在喧闹的激情间隙,在所有转瞬即逝的寂静里,日日夜夜,年复一年,终其一生,你都在寻找、观望、倾听着它的踪迹。你从未拥有它。所有曾经深深占据你灵魂的东西都不过是它的影子——或是可望而不可及的惊鸿一瞥,或是从未彻底兑现的承诺,或是才抵耳畔便消逝殆尽的回声。但如果它真想彰显自身——如果真的来了一个回声,非但不会消失,反而膨胀为声音本身——那你就会认出它来。纵然可能有种种疑虑,你仍然会说:"这就是我为之而生的东西。"我们不能将其告诉彼此。它是每一个灵魂的秘密签名,是无可交流而又无可平息的渴望,是我们在遇见我们的伴侣、交上朋友、选择工作之前就渴望的东西;即便躺在临终的床榻上,当我们的头脑已不再意识到伴侣、朋友或工作的时候,我们仍旧心存渴望。只要我们存在,它就存在。如果我们失去了它,我们便失去了一切。

4 月 23 日

臻于完美的妻子

路易斯为悼念亡妻乔伊而作:

　　一位好妻子自身就担当了如此之多的角色。海伦对我来说意味着什么? 她是我的女儿,又是母亲,是学生,又是老师,是臣民,又是君王。一言以蔽之,她总是我最信任的伙伴,朋友,同舟共济的船员,并肩作战的战友。她是我的妻子,但同时也相当于我所有的男性朋友(我有很多这样的朋友),也许还比这更多。如果我们不曾相爱,我们也仍然会在一起,制造出一段绯闻。我曾经称赞她的"男性美德",就是这个意思。但她马上阻止了这一称赞,反问我是否喜欢别人称赞我的"女性美德"。亲爱的,这真是个巧妙的回击。然而,你身上确有某些亚马孙①女人的品质——彭忒西勒亚和卡密拉②的品质。和我一样,你很高兴能够具有这种品质。你也很高兴我能够

---

①　希腊神话中的女性部族,相传为战神阿瑞斯之后代。其骁勇善战比男性更胜一筹。

②　彭忒西勒亚,希腊神话中的亚马孙女王,相传曾领兵在特洛伊战争中援助特洛伊人,后为阿喀琉斯所杀;卡密拉,古罗马诗人维吉尔的史诗《埃涅阿斯纪》中的女英雄。

认识到它。

所罗门把他的新娘唤做妹子。如果在某一时刻，在某种特定的情绪下，一个男人几乎想要把一个女人称作兄弟，那她岂不是一个完美的妻子吗？

4 月 24 日

普世的渴求

没有一个基督徒会接受这样一条箴言，将宗教定义为"个人应付孤寂之良策"。我想，卫斯理家族①中有人曾经说过，《新约》并不叫做孤寂者的宗教。我们决不应该忘记，我们已经结成一个团体。在早期的文献记载中，基督教就已经体制化了。教会是基督的新娘。教会成员彼此互为肢体②。

在我们这个时代中有一种观点，即宗教属于我们的私人生活——实际是说，宗教乃是我们个人的闲暇活动。这种观点既是矛盾的、危险的，同时也是自然而然的。说其矛盾，盖

① 卫斯理家族中包括四位杰出人物。约翰·卫斯理，英国卫理公会的创始者；其弟查尔斯·卫斯理，卫理公会早期的重要活动家之一，曾创作大量赞美诗；萨缪尔·卫斯理和萨缪尔·塞巴斯蒂安·卫斯理，查尔斯之子、孙，二人均为作曲家和管风琴家。

② 原文 members，原意为身体的各个组成部分。《圣经》将教会内众信徒称为基督的肢体。参见《哥林多前书》12：12—27。

因宗教领域内个人地位的提升,乃是兴起于这样一个时代——集体主义在其他每个领域中都对个人施以无情的打击……成群结队的好事之徒以及自我任命的仪式主持,都热衷于在独处尚存一息的地方破坏独处。他们称之为"把年轻人带出自我的藩篱",或者"唤醒他们",或者"克服他们的冷漠"。如果一位奥古斯丁①、沃恩②、赫拉特恩③或者一位华兹华斯④诞生于现代社会,青年组织的领袖们很快就会将他治愈。如果今天这世上还有一个真正的好家庭,诸如《奥德赛》中阿尔克诺俄斯和阿瑞忒的家庭⑤,或者《战争与和平》中的罗斯托夫家族⑥,以及夏洛特·M·容琪⑦家族中的任何一个,它就会被指责为"布尔乔亚",而每一辆瓦解旧势力的推土机都会将矛头对准它。甚至于,哪怕这些计划者们出了差错,落下某个人形只影儿,各种无线电也会照看他们,让他不会比独自一人的时刻更加孤单(可不是西庇乌意义上的那种孤

---

① 希波的奥古斯丁(354－430),神学家,基督教教义的重要奠基人之一,被教会封为圣徒。
② 亨利·沃恩(1621－1695),英国神秘主义者、诗人。
③ 托马斯·赫拉特恩(1637－1674),英国神秘主义诗人和宗教作家。
④ 威廉·华兹华斯(1770－1850),英国浪漫主义诗人,湖畔三诗人之一。
⑤ 二者均为《奥德赛》中的人物。阿尔克诺俄斯,费阿克岛的国王,以热情好客著称;阿瑞忒,阿尔基努斯之妻,法伊阿基亚人的王后,恪守妇道,为其夫及其臣民所敬。
⑥ 列夫·托尔斯泰《战争与和平》中的主要家族之一,以淳朴热情著称。
⑦ 夏洛特·M·容琪(1823－1901),英国小说家,著有《雷德克里夫的继承人》等。

单)①。事实上,我们正生活在一个渴求独处、静默和私密性的世界上,并也因此而渴求静思,以及真正的友谊。

4 月 25 日

欢迎回家

"肢体"②一词来源于基督教,后来被俗世所采纳,起初的所有涵义也不复存在。在任何一本逻辑学书中,你都会看到这样的术语:"组成某一集合的元素"。必须着重说明的是,一个同质的集合中所包含的个体或条目,与圣保罗所说的"肢体"的意思几乎背道而驰。他所说的"肢体",在我们这里应该被称为"器官",是在本质上相异并互补的事物,它们不仅在结构和功能上不同,其尊严亦迥然有别⋯⋯

一个身体中真正的组成部分,即肢体,与一个集合中的内涵物究竟有什么不同? 这可以从一个家庭的结构中彰显出来。祖父、父母、已成年的儿子、未成年的小孩、狗和猫,在有机体的意义上都是真正的成员,恰恰因为他们不是一个同质集合中的元素或个体。他们不可以相互替换。每个人就他自

①　西庇乌(公元前 236 年一公元前 183 年),古罗马执政官,曾击败汉尼拔。后为躲避政治斗争而自我放逐。
②　原文为 membership,意为身体的各个组成部分。

身而言自成其类。对于女儿来说,母亲不仅仅是一个与之相异的人,更是完全不同的一类人。成年的兄长不仅仅是孩子这一类集合中的元素,他还在该范畴具有单独的地位。而父亲和祖父之差别则如同猫和狗一样大异其趣。如果除去其中任何一个成员,你不仅仅是削减了家庭成员的数量,还破坏了它的结构。家庭的统一是各种相异体的统一,其成员之间并无可供比较的尺度。

我们对这类统一体中内在的丰富性有着模糊的感知,正因为如此,我们能够欣赏像《柳林风声》①那样的书;像老鼠、鼹鼠和獾那样的三人组合,正象征了一个和谐团体中极端不同的人格,而我们凭借直觉就能够知道,这种和谐的联合可使我们幸免于孤独或者雷同。

4月26日

神秘身体的组成部分

教会的生命将比宇宙更为久长,个体的生命也将比宇宙的生命更为不朽。一切与那不朽的主宰相联合的事物,都将

---

① 《柳林风声》(*Wind in the Willows*)是英国作家格雷厄姆(Kenneth Grahame)的经典童话故事,主要讲述主人公癫蛤蟆及其朋友们的传奇故事。后文中的老鼠、鼹鼠和獾也是该书中的主要角色。

分有他的不朽……如果我们不相信这一点，那不妨实话实说，将基督教置于博物馆里束之高阁算了。但如果我们相信，那么便让我们放下假面，承认它确实意义重大。对于集体而言，这就是真实的答案。集体必有一死，而我们必将永生。终有一天，每种文化、每个体制、每个国家、整个人类以及所有生物界的活物都将灭亡，而我们每个人却依然存活。基督并不是为了社会或国家而死，他是为了人而死。在这个意义上，对于世俗的集体主义者而言，基督教简直就是个人主义的疯狂拥趸。然而，个体主义者的个体并不能分享基督战胜死亡的胜利。我们必须要在胜利者里面，才能分享这一胜利。只有拒斥自然的自我，或者说只有把自然的自我钉上十字架，我们才能拿到通向永生的通行证。未经死亡的事物必不得复活……对于外界人士而言，我们的信仰颇有歧义，令人百思不得其解。对于我们自然的自我，它是如此铁石心肠，不留余地；另一方面，对于那些抛弃了自我的人而言，它又重加回报，让他们享有永久的个体生命，甚至不朽的身体。作为生物性的实体，作为各逐其愿而生长壮大的实体，我们显然微不足道，草芥不如。但作为基督身体里的有机部分，作为构成庙宇的石块和台柱，我们必享有永恒的自我身份，并将长存不朽，见证宇宙万物的古老传奇。

真正具有狗的模样

真正的人格是在前方——对我们大多数人来说,它究竟还有多远,我不敢断言。开启它的钥匙也不在我们自己身上。我们无法通过自内而外的发展而得到它。只有当我们在永恒的宇宙构造中占据那个我们为之而被造、被生的位置时,它才会临到我们头上。一种色彩只有被杰出的艺术家置于预先选定的位置上,置于其他某些颜色之间,才会显出它真实的特性。一种香料只有按照大厨的意愿,在适宜的地方和时机下置于其他佐料之中,才能显出它真实的味道。一只狗只有在人的家居生活中适得其所之时,才能真正具有狗的模样。因此,当我们让自己经受考验,以便各就其位的时候,我们首先应该做一个真正的人。我们是尚待雕塑的大理石,是尚待浇铸的金属。即便是在尚未更新的自我中,无疑也有些许迹象,暗示我们每个人日后被浇铸而成的模样,或者即将成为怎样的台柱。然而,在我看来,将灵魂的得救描绘为一幅司空见惯的图景,即全然是由种子生长为花朵的过程,这实在是夸大其词。像"悔过","再生","新人"之类的词汇,其所揭示的完全是另一种含义。它们完全拒斥每个自然人中某些自然的成长倾向。

正确的位置

如今,我们从一开始就颠倒了整个图景。我们从每个个体都有"无限价值"的观念出发,将上帝描绘为某种职业委员会,其全部职责就是要为每个灵魂找到合适的职业,为方型的钉子找一个方形的孔。然而,事实上,这种个体的价值并不是与生俱来的。人只能够接受价值——通过与基督的联合而接受人的价值。为人在现存的庙宇中找个位置,以便他固有的价值能够受到公平的对待,以便他的自然属性能够自由无阻地发挥,这丝毫不成为问题。这个位置从一开始就在那里。人正是为了它而被造的。我们只有在这个位置上,才能成为我们自己。只有在天堂中,我们才是真实的、不朽的,并确实成为有神性的人,这就像眼下我们在光照中才能成为有色彩的物体。

以上所述,是为了重复每个人在此都已承认的事实——只有上帝的荣耀才能拯救我们。我们的肉身一无是处,我们只是彻头彻尾的造物而非造物主,我们的生命并非源于自我,而是源于基督。

最后两个要点

如果我看上去是把一件简单的事情复杂化了，希望你们可以原谅。我只是想告诉你们两件事情。我一直想试图摈斥那种非基督教的，对个人的崇拜。它与集体崇拜一起，在现代思想中大有燎原之势，由于一个错误会招致与之相对的另一个错误，它们非但没有抵消，反而互助其焰。我指的是这样一种有害的观念（你们可以在文学批评中见到），即认为我们每个人生来就有一种深藏于内的珍宝，叫做"个性"；去扩展、去表达这一个性，以免它受到干扰，去做那"独一无二"的一个，就成了人生的目标。这简直就是贝拉基派的观点①，甚至比它更糟；而且它也无法自圆其说。一个执著于"独一无二"的人永远也不会独一无二。你应该做的，是要尽可能看清自我的真相；为了工作本身的缘故，尽可能将每一份微小的工作做好。这样，人们所称之为"独一无二"的东西才会不期然地降临。即便是在这个层面上，个体对于职责的顺服就已开始孕育真正的个性了。第二，我一直想要表明，基督教最终所涉及的既非个体亦非集体。我们普遍观念中所理解的个体或集体都无法继承永恒的生命——在自然的自我中得不到，在集体

———————————
① 贝拉基派，兴起于公元 5 世纪的异端，主张人无原罪，其善恶均乃后天的行为造成，可以不借助神恩而依靠自己的力量得到救赎。

的人群中也得不到，只有在更新的生命中才能得到。

4月30日
低谷与高峰

大魔头私酷鬼正在解释起伏波动的规律：

人类是一种两栖动物——一半属灵，一半为兽（"敌人"竟然决心造出这么一种大逆不道的杂种，我们的父就是因此而决定倒戈的）。在属灵的方面，他们属于那永恒的世界；但在兽性的方面，他们却为时间所羁绊。这意味着尽管他们的灵性会趋向永恒的目标，但他们的身体、激情与想象力却变化不定，因为处于时间之中就意味着变化。正因为如此，他们永远无法做到恒定无变，他们至多只能够波动起伏——不断地上升到一个层次，又不断地从这里跌落。低谷与高峰交替出现。如果你仔细观察你的病人，你就会在他生命的每个方面看到这种起伏不定——他对工作的兴趣、他对朋友的感情、他进食的胃口、所有这些都时高时低，反复无常。只要他尚存一息于世，他在情感与生理上的丰富与活力，与那愚钝困苦的阶段，就总是更替出现的。你那病人眼下正处于的枯涩乏味的时期，绝非像你自诩的那样归功于你的能耐。这只不过是自然现象罢了。倘若你不好好利用它，我们可就落得竹篮打水一场空。

五 月

亦为仆,亦为子

大魔头私酷鬼正在详述"敌人"的意图:

他("敌人")想要永远拥有一个灵魂,为此他所做的努力也许会令你吃惊。一些特别受他喜爱的人,其所经历的低谷比其他任何人都要幽长而暗无天日。而他对于低谷的倚赖却远远超过高峰。个中堂奥就在于此:对我们来说,人类主要是可供我们生存的饮食,我们的目的就是要将他们的意志纳入到我们的意志中来,并以此为代价,扩充我们那宣扬自我中心的地盘。然而,"敌人"要求人类顺服,这完全是另一码事。我们必须面对一个事实,即我们谈论他对世人的爱,以及人对他的侍奉乃是人至上的自由,这些绝不仅是宣传(尽管我们乐意这样去想),却是一种可怕的真理。他确实想用成堆按照他的形象造出来的小怪物充塞整个宇宙——这些家伙的生命在它们自己微小的尺度上，和他自身并无质的不同。这不是因为他将他们纳入自身之中，而是因为他们的意志自由地符合了他的意志。我们想要的是可供果腹的畜生，他想要的是最终可以成为其子女的仆从。我们想要吸收，他则想要给予。我们一无所有，必须填塞自己，而他却仓积囤满，可以漫溢不竭。我们战争的目的是要创造一个世界，使我们久居地府的父王可以吞没其他一切生灵。但"敌人"想要创造世界的目的，却是要使其间充满与他相联合而又各具特色的生灵。

5 月 2 日

如果他们仍然服从

私酷鬼还在推演"敌人"的意图：

在他看来，仅仅撤销人类的意志毫无用处（做到这一点对他而言不费吹灰之力）。他不能强行夺去人类的意志。他只能予以说服。因为他那可耻的想法实在是自相矛盾的：那些可怜虫既要与他联为一体，又要保持自身的独立性；把他们一笔勾销或是让他们同化，对他而言都不起作用。起先，他确实准备撤销一点人的意志，他让他们在一开始能够与他的存在相交通，虽然这种存在的显现少之又少，对他们而言却已足够伟大了;这种显现还带有一种情感上的甘美,使人能够轻而易举战胜诱惑。但他从未让这种情形持久。很快他就收回了所有的支持和鼓励——即便事实上他并未收回,但是对于人的意识经验而言,他确实是收回了。他要让这些可怜虫自力更生,单凭借自己的意志去完成那些枯涩无趣的职责。正是在这样的低潮期,而恰不是在精神状态处于顶峰的时候,他们才会成长为他所要的。因此,在枯涩无趣的时候献给他的祷告最能得他的欢心。他不能诱使他们走向美德,而我们却可以诱使他们走向邪恶。他想让他们学会走路,所以必须放开手让他们走。只要有走路的意志,哪怕磕磕碰碰,他也会觉得满意。瘟木呀,千万别受蒙蔽!当一个人不再心甘情愿遵守"敌人"的旨意,却依然决意要遵循到底;当那人找不到他的一丝踪影、质问自己为何被遗弃却仍然打算服从的时候,我们的处境可就大为不妙了。

5月3日

历史的那一刻

我们相信,基督之死就发生在历史中的某一刻,在这一刻,某种从外界完全无法想象的现实在我们这个世界得以展现。假如我们不能画出组成这个世界的原子,我们也当然无法画出这一刻。的确，如果我们发现我们完全能够了解它，那么事实将会显示，它并不同于它所表现出来的样子——那不可想象的、永恒的、超越自然的东西，就像闪电一般照彻世界。你可能会问，假如我们不了解它，那它对我们究竟有何益处呢？这个问题其实很容易回答。一个人虽然不了解食物的营养价值，却会照常吃饭；一个人虽然不知道基督的作为如何起作用，却能够接受基督的作为——当然，除非他能够接受这些作为，否则他一定不会知道它们作用的方式。

我们都知道，基督为我们而死，他的死洗去了我们的罪，借着死亡，他又克服了死亡本身。这就是信仰的表白，这就是基督教，这就是我们必须相信的信条。

5 月 4 日

强大的武器

在一方面，死亡是撒但的胜利，是堕落的惩罚，是最后的敌人。基督在拉撒路的墓前哭泣，[①]在客西马尼流下血泪：[②]他里面的生命也同样憎恶这种刑罚的猥亵，比我们更有过之

---

① 根据《约翰福音》11 章，拉撒路乃伯大尼人，耶稣令其死而复活。

② 参加《马太福音》26：36—44，耶稣在被出卖之前曾于客西马尼祷告三次。

而无不及。另一方面，他只有牺牲他的生命，才能将生命从死亡中拯救出来。我们受洗就是进入耶稣的死亡中，而死亡就是治愈堕落的良方。事实上，死亡被一些现代人称之为"模棱两可"的事情。它是撒但的强大武器，也是上帝的强大武器：它既是邪恶的，又是神圣的；它是我们最深的耻辱，也是我们唯一的希望。它是基督要战胜的东西，也是他得胜的武器。

5月5日

现实的真相

人类必须自由地拥抱死亡，满怀谦卑地服从它，一滴不剩地将它饮尽，如此这般，才能将其转化为一种神秘的死亡。这种死亡乃是生命的秘密。但是只有一个人——除非他自己选择，否则他原本无需成为一个人，他自愿来到这个悲惨的世界为我们服务，只有他是一个完全人——只有这样一个人才能够完成这种完满的死亡，并因此（以一种你认为无关紧要的方式）既战胜了死亡，又拯救了死亡。他代替其他所有的人类经历死亡。他是宇宙中作为代表的那个死者：恰恰因为如此，他也代表着复活和生命。或者反过来说，因为他真实地生活，他才真实地死亡，而那就是现实的真相。因为在上者能够降临为在下者，基督——他恒久不断地将自己送入那有福的、向父交托自我的死亡之中——才能够完全屈尊坠入那恐怖的、对我们而言是不由自主的肉体死亡。"代赎"指的就是他所创造的这种现实,他的死亡也会变成我们的死亡。整个神迹并未否认我们已经熟知的一种现实,但它给原本扑朔迷离的事情做了注解,使它变得清晰;或者毋宁说,神迹才是事情本身,而自然反而是它的注解。我们从科学中只能读出对诗歌的解释。而在基督教中,我们读出的是诗歌本身。

5月6日
新生

最终,上帝绝非别人,而只能是他自己,他的作为与其他事物绝无相像之处。你很难对它做出揣测。

那么,他给整个人类带来了怎样的不同? 正如下文所说:这个不同,就是成为上帝之子,从"被造"之物变成"受生"之物,从转瞬即逝的"生物"生命变为永无穷尽的"属灵"生命。在原则上,人性已经得到了救赎。我们每个人都要享用这份救赎。但那真正困难的工作——靠我们自己的力量永远无法完成的那一部分工作——已经为我们做好了。我们不需要凭借自己的努力爬进属灵的生命,这种生命已经降临到人类中了。如果我们愿意向那样一个人敞开自己的生命——这个人本身就呈现出属灵的生命，他不单单是上帝，还是一个真实的人——那他就会在我们里面作工，为我们提供这种生命。请记住我之前讲过的"好的感染"，[①]我们人类当中有一个人拥有这种新生：如果我们靠近他，我们也可以从他那里得到新生。

当然，你可以用各种各样的方式表达这个意思。你可以说基督为我们的罪而死；你也可以说，天父宽恕我们，是因为基督做了我们应做的事；也可以说我们都已被羔羊的宝血洗净；还可以说基督战胜了死亡。这些理解都很正确。

5月7日

代赎的需求

然而你会问，这是否改变了现实？现实不是依旧没有公正吗（只不过现在绕了一个弯子）？起先，我们指责上帝对其"选民"的不适宜的偏爱；然而现在，我们又想指责他不适宜的疏远（最好不要同时进行这两种指责）。无疑，我们已开始面对植根于基督教的一项基本原则，也许可以称之为**代赎**的原则。那个无罪的人为有罪的人类受难，在某种程度上，可以说

---

① 参见 2 月 11 日"好的感染"。

是所有的善人为所有的恶人受难。这种代赎——其程度不亚于基督的受死、复活或者拣选——也是自然的一种特性。自给自足，倚赖自己的资源而生存，在自然的领域中本就是不可能的事。每个事物都对别的事物有所亏欠，都为别的事物牺牲自己，同时也都依赖于别的事物。在此我们必须认识到，代赎这个原则本身无所谓好坏。猫靠老鼠为生，我在某种意义上觉得是件糟糕的事；不过，蜜蜂和花朵相互依存，却是令人愉快的关系。寄生虫住在寄主身上，而尚未出生的婴孩也住在母亲的身体中。在社会生活中，没有代赎固然不会有剥削或者压迫，但却也不会再有善良或者感激。代赎同时是爱与恨、悲惨与幸福二者的源泉。当我们明白了这一点，我们就不应只看到自然中代赎的恶劣例子，而否认这一原则有着神圣的滥觞。

5月8日

"这不公平！"

我曾听见有人抱怨说，如果基督既是神又是人，那么在他们看来，他的受苦和死亡就失去了价值："因为这对他来说再容易不过了。"其他人可能会说，这种抱怨既忘恩负义而又令人厌恶（这是完全正确的）。但使我惊愕的是这句话所显出的误解之深。从某种意义上，当然，说这话的人也有他自己的理由。他们甚至已经理解了自己的问题。但是，完全的顺服、完全的受难、完全的受死对耶稣来说，不只因为他是上帝而变得容易，还因为他是上帝才成为可能。正是因为这个看似奇特的理由，我们必须接受他顺服、受苦、受死的事实。老师能够教小孩写字，因为老师是成年人，知道如何去写。毫无疑问，写字对老师来说是很容易的，也正因为容易，他才能够帮助孩子。但如果小孩心想"成年人做起来当然容易"，因而等着向其他不会写字的小孩学习写字（这样才没有一方占有优势的不公平状况），那么他不可能很快学会。如果我在某条激流中溺水了，一个站在岸上的人向我伸出援救之手，我难道应该边喘边喊"不！这不公平！你有优势，你的脚还站在岸上"吗？——那种优势——你可以称之为"不公平"——正是他可以对我有所帮助的原因。如果你不指望让一个比你强的人来帮助你，那你还能指望些什么呢？

完全的顺服

如果上帝准备赦免我们的债，他为什么没有立即放过我们，却先要惩罚一个无辜的人呢，这种做法可能的意义何在？

如果你从警察—法庭的角度来思考这种惩罚,那一定毫无结果。但在另一方面,如果你从债务的角度来思考,你就会发现,一个有资产的人为一个无资产的人付清债务,这当中有很多意义。或者你不将"偿付罚金"当作接受惩罚来理解,而用一种更普遍的意义,即以"担负责任"或"付清账单"的意义来理解,整件事当然就成了一种日常经验;即当一个人不慎身陷泥淖的时候,把他拉出来的麻烦责任就往往落在一位好心的朋友身上。

那么,人所陷入的到底是哪一种"泥淖"呢?人经常恣意妄为,认为自己对自己的行为享有完全的主权。换言之,堕落的人不仅仅因为不完全而需要改善,他也是一个反叛者,必须放下武器。放下武器、完全顺服、表示歉意、意识到从前的过失并立志洗心革面、重头来过——这才是我们跳出"泥淖"的唯一办法。顺服的过程——一个全速后退的过程——就是基督徒所谓的悔改。悔改绝非易事。它比忍受耻辱更加艰难。它意味着我们要放弃数千年来人类用以训练自己的高傲自大和唯我独尊;意味着除掉我们自我的一部分,经历某种死亡。然而这里却出现了一个问题。因为只有坏人才需要悔改,而只有好人才能够完全悔改。你越是无恶不作,就越是需要悔改,却也越难悔改。唯一能够完全悔改的人就是个完全人——而他根本不需要悔改。

上帝的帮助

请记住，这种悔改，这种对于谦卑和（某种）死亡的顺服，不是上帝在接纳你之前要求你做的事情，也不是如果他愿意，就能让我们轻易做到的事情。事实上，它只是意味着回到上帝那里的全部过程。如果你要求上帝让你无需悔改就能回去，你就是在求他让你回去，自己却又拒绝去。这是不可能的事。那么，我们就不可能不悔改。然而，同样的罪恶使我们需要悔改，却又难以悔改。如果有上帝的帮助，我们可以悔改吗？可以。但是，当我们谈及上帝的帮助的时候，这话意味着什么？我们的意思是说，上帝将他的一小部分放进我们里面。他将一小部分理性的力量借给我们，我们才可以思考；他给予我们一小部分爱，我们才可以彼此相爱。当你教一个孩子写字的时候，你总是握住他的小手，帮他写出字来，他能够写字是因为你在动手。我们有爱、有理性，乃是因为上帝有爱、有理性，并且在我们去爱，去思考的时候握住了我们的手。

"好"还远远不够

"好"——一种健全、完整的人格——当然是件好事情。

我们必须运用我们权限之内的种种医学、教育、经济和政治手段创造出一个世界，使尽可能多的人能够"好好地"成长。这就像我们必须创造出一个没有饥饿的世界。然而我们切不可认为，只要我们成功地让每个人都变好，我们也就拯救了他们的灵魂。一个满是好人的世界，如果恰恰因为自身的"好"而自满，不再向前看，而是背离了上帝，那么这个世界就是个急需拯救的悲惨世界——甚至可能更加难以拯救呢。

改善并不等同于拯救，尽管拯救总是在此时此地就能改善人的境况，并且最终将人提升到一个无法想象的地步。上帝成为人来将造物变成他的子民：他不仅仅要使原来的人变得更好，他还要创造新人。这就像驯马，不是要让马跳得一次比一次更好，而是要将它驯服为带翼的神马。当然，一旦它得到了翅膀，就能跃过以往从未跳过的栅栏，从而在比赛中一举胜过其他普通的马。但在翅膀开始成形之前也许有一段时期，它非但不可能跳跃，而且在这一阶段，肩膀上的凸起部分不但没法教人看出翅膀的形状，反而会给予它一种令人难堪的外表。

5 月 12 日

不用马鞍也能骑马的那一天

从被称之为自然的一切事物中抽身隐去，进入一种消极的灵性中,这就像我们离开马去学习如何骑马一样。在现今我们朝圣的道路上,禁欲、放弃权力、克制我们自然欲望的空间已经够多了(多过了我们大多数人乐意接受的程度)。但是一切苦行背后的思想却应该是:"如果我们连转瞬易逝的物质财富都守不住,谁又会相信我们能够守住真正的精神财富呢?"如果我甚至连一个世俗的身体都无法控制,谁会相信我能够掌控精神的身体呢?这些渺小而易逝的身体如今被发派给我们,正如小马驹被发派给男学生。我们必须要学会掌控它。这并不说某一天我们可以免掉所有的坐骑,而是某一天我们不用马鞍也能骑马,也能信心十足、昂首挺胸地驾驭那些更大坐骑,那些带翅的、闪耀的、震撼世界的骏马——眼下它们甚至就在那君王的马厩里踢着腿、喷着气,不耐烦地等着我们。这并不是说,除了那君王的跑马场以外,所有的跑马场都毫无价值;我们应该思索与他同在的其他方式——因为他已经赎回了我们的马。

5 月 13 日

认识基督的新人

　　新的一步已经迈出,而且正在迈出。新人已经遍布世界各地。我承认,有些新人仍然很难辨认,但是另一些则可以辨认出来。我们每时每刻都会与他们相遇。他们的声音和面孔都与我们相异：他们更强壮、更安静、更快乐、更富有感染力。他们从我们大多数人裹足不前的地方重新开始。我说他们是可以辨认出来的，但你必须知道如何去辨认。他们并不是你从一般读物中所认识的"宗教徒"，他们并不引人注目。你会很容易认为，当他们善待你的时候，你也会善待他们。然而，他们对你的爱比其他的人更多，对你的需要却比其他人更少（我们必须克服渴望被需要的心理：对一些品行尚可的人，尤其是对女人而言，这是最难以抵御的一种诱惑）。他们似乎总有充裕的时间，你会奇怪他们哪儿来这么多的时间。当你认识了他们中间的一个人，你会很容易认识下一个。而我觉得（但我怎么会知道），他们彼此会立即确切地认出对方，不受肤色、性别、阶级、年龄甚至教义的种种限制。这样，做一个圣人就好像加入一个秘密的社团。在最浅近的层面上说，这事一定其乐无穷。

5 月 14 日

成为你之所是

成为新人意味着失去我们现在所谓的"自己"。我们必须走出我们自己，走到基督中去。我们要念他所念，想他所想，

"你们当以基督耶稣的心为心"。① 如果基督是一个人，且如果他在我们"里面"，我们难道不是彼此十分相像吗？乍看之下确实如此，然而这并不是事实。

我们很难在此找到一个好的示例。因为没有两样东西能像造物主和他的造物那样拥有如此紧密的联系。但我仍然会试着用两个薄弱的示例，显示真理的一点迹象。设想许多人一直生活在黑暗之中，你来到他们当中试图向他们解释光是什么。你可能会告诉他们，如果他们进入这光里，那同样的光也会照耀到他们身上，他们将通过它的反射而变得"可见"。这很有可能使他们认为，由于他们接受的是同样的光，反射的方式也都相同，那么他们一定看上去十分相似。然而你我都知道，事实上他们在这光里的显现将是如何大异其趣。或者，假设有一个从来不知道盐为何物的人。你给他一小撮盐，他一定会尝到一种极其强烈而刺激的味道。那么他一定会说："我想你们所有的菜肴一定全是一个味道。因为你刚才让我品尝的东西味道太重了，几乎抹杀了其他所有的味道。"然而你我都知道，盐的真正功效恰恰相反。它非但没有抹杀鸡蛋、牛肉或者洋白菜的味道，反而使它们的味道更为突出。只有加了盐，它们才能显出自身真正的味道。

---

① 参见《腓立比书》2:5。

真正的自我

我们愈是将那所谓的"自我"弃之不顾，交由他来掌管，我们便愈能成为真正的自我。他是如此丰富，以至于成千上万迥然相异的"小基督"也不能表示其万中之一。因为他们全都是他创造出来的。他创造了包括你我在内所有形形色色的人，赋予他们各自所属的自我——就像小说家在书中创造人物。既然如此，我们真正的自我都在他里面，等着我们去实现。试图瞥开他的帮助成为"我们自己"，将毫无益处。我越是抵抗他，越是想靠自己生活，就越容易受制于自身的遗传特性、成长环境及本性的欲望。事实上，我如此引以为荣的"自我"已经变成了一大串事件的汇聚之处，我从未刻意去做这些事，现在却不由自主地去做。我那所谓的"愿望"也仅仅是身体官能所产生的欲望，是经由别人的思想灌输而成的欲望，甚至是经由魔鬼的暗示而致。我想向坐在车厢对面的女孩示爱，以为这个念头极有创意、与众不同，并因此而得意洋洋，殊不知这妄想只是来源于鸡蛋、好酒和昨晚的一场好梦。我认为我的政治主张完全是我的独创，殊不知是受了政治宣传的影响。在自然的状态下，我并不完全是我自以为是的那个人。我所称之为"我自己"的那个人很容易在各处找到来源。只有当我转向基督，将我自己完全交由他的人格来掌管，我才能开始拥有真正属于自己的人格。

好主人全都是好仆人

在这出戏中,我们想提出的问题事关人类的"中心"地位,这个问题和使徒们的问题如出一辙:"他们当中谁才是最大?"①上帝对此不会作答。如果从人类的角度来看,对非人类,对无生命之自然的再造仅仅是他得救的副产品,那么与此相类,从某种淡漠的、非人类的角度来看,人类的得救也仅仅是春色满园的前奏,之所以允许人类的堕落,是因为从长远来看要实现更大的目标。这两种说法都没错——只要它们愿意去掉"仅仅"二字。上帝既有明确的意图,既能完全预见行之于自然并与自然相连结的作为,他的目标就不会是偶然或任意的,不是我们可以用"仅仅"二字就能言中的。没有什么"仅仅是"其他事情的"副产品"。所有的结果自一开始就已在计划之中。从一个角度看是附属性的东西,从另一个角度看就成了主要目的。没有什么事物或事件称得上第一或最高,从而不能使它同时成为最后或最低。在一曲舞中向对方鞠躬的

---

① 参见《马太福音》18:1,"当时门徒走进来,问耶稣说,天国里谁是最大的"。

舞伴随后会在另一曲中得到对方的尊敬。居于高位或是居于中心意味着要不断地隐退;放得更低意味着抬得更高,所有的好主人同时也是好仆人——连上帝都会为他的门徒洗脚①。

5 月 17 日

上帝的安排

在基督里面,一个新人诞生了:这种由他开始的新生命将要进入我们的生命。

这事如何能做到呢? 请回忆一下我们如何获得从前那个平常的生命。我们是从旁人那里,从我们的父母和所有其他祖先那里获得生命,且并未经过我们的同意——这一过程十分奇特,包含了快乐、痛苦和危险。这是一个你永远无法猜度的过程。我们大多数人在童年时期都花了不少功夫来琢磨这事,而有的孩子在初次听到真相时怎么也不能相信——我不知道是否应该责怪他们,因为这事确实很怪。然而,就是安排了那个过程的上帝,现在要来安排新的生命——要将基督的生命传到我们身上。我们要做好准备,因为这个过程也很奇特。当他创造"性"的时

①　参见《约翰福音》13 章。

候，他并没有征求我们的意见；他在创造这种新生命的时候也没有这样做。

将基督的生命传递给我们，包括三个过程：受洗、信仰以及某种神秘的仪式（不同基督徒对此有不同称呼）——圣餐、弥撒或主的晚餐。至少这是三种平常的方式……

我自己并不明白，为什么这三件事就是新生命的开端？然而，如果不是偶然才得知，我永远不会明白，一次肉体的欢娱与一个新生命的诞生之间有什么联系。我们应该按照其本来面目去接受真相。随意揣测它像什么，或是我们应该怎样去理解它，都毫无益处。

5 月 18 日

有福之"物"

让我说得更明白些：当基督徒说基督的生命在他们里面时，他们并不只在说某种精神或道德的东西。当他们说他们"在基督里"或者基督的生命"在他们里面"时，他们并不是简单提及思考基督或者仿效基督，而是说实际上，基督正通过他们而作工，全体基督徒大众都是基督用以行动的肢体——我们就是他的手指和肌肉、他身体的细胞。这可能解释了一些事情：为什么这一新生命的传递并不只是纯粹的精神活动（比如信仰），而也是通过身体的行为比如受洗或者领圣餐。它并不只是某种观念的传递，而更像是一种进化——一种生物学的，或者超生物学的事实。我们不能试图要比上帝更加精神化。上帝绝不想要人成为一个纯粹的精神造物。正因为如此，他要通过物质，比如面包和酒，来带给我们新生。我们可能会认为这很粗鄙，不够神圣。但上帝不会这样想：是他发明了"吃"这一行为。他喜爱物质。正是他创造了物质。

5月19日

基督的载体

有的人可能会觉得，这不同于你的个人体验。你也许会说："我从来没有感到一个看不见的基督在帮助我，但是常常有别的人帮助我。"这就像一个女人在初遇战事的时候说，即使面包短缺，她的家庭也不会受到影响，因为她一家都吃吐司。殊不知没有面包，哪里来的吐司。如果没有基督的帮助，也不会有他人的帮助。他通过各种各样的方式在我们身上作工，而不仅仅是通过我们所谓的"宗教生活"。他使用大自然、使用我们自己的身体、使用书籍、有时甚至使用反基督教的体验来作工。当一个年轻人带着例行公事的心理去教堂，而后发现自己其实并无真正的信仰，因此不再去了——假使他是出于诚实的缘故，而并非要惹恼父母才这样做——基督的圣灵可能会比从前离他更近。但总的说来，他是通过别人而在我们身上作工。

每个人对他人而言，都是一面镜子或者基督的载体，有时是无意识的载体。这种"好的感染"[①]有时由那些自己并不具备这一资格的人来承载。有些自己并非基督徒的人帮我走向了基督教。但通常都是那些知道基督的人把他的福音传给别人。正因为如此，教会——基督徒的整体，向世人展示基督的机构——是如此重要。你甚至可以这样说：当两个基督徒共同跟随基督时，其力量并不是他们分开时的两倍，而是十六倍。

5 月 20 日

各异其趣的身体

在受洗时，基督徒被召唤进入一个社团。这个社团不是一个集体，而是一个身体。事实上，它就是我们在一般意义上将家庭比作的那个身体……我们从一开始便被召唤，要作为被造物和我们的造物者结合起来，作为有死者与不死者相结

---

① 参见 2 月 11 日"好的感染"。

合,作为被救赎的罪人与无罪的救赎者相结合。他的临在、他与我们之间的互动,是我们在这个身体内生活的重中之重。任何关于基督教团契的观念,如果它们实际上并不主要讲求团契这重含义,就全都不值一提。但在此之后继续求索,寻找与圣灵相结合的多种方式,似乎就成了无关紧要的事。但这其实非常简单。教士与俗人不同,慕道友与资深信徒也有不同。丈夫管教妻子,家长管教孩子。但这当中也有一种持续的、角色上的替换互补,只不过它过于微妙,难载史册。我们永远在教育,同时在学习;饶恕别人,同时被别人饶恕;我们为人求情时,我们向人展现基督,同时又在被人为我们求情时向基督展现人。我们每天都被要求放弃私心,而在人格的提升中,这种牺牲每天都得到百倍的报偿,这正是那身体的生命所鼓励的。那些互为肢体的人反而会像手与耳一样迥然相异。这就是为什么世俗之人全都千篇一律,而圣徒却全都各异其趣。服从乃通向自由之路,谦卑乃通向喜悦之路,而联合则是通向个性之路。

教会应该引导我们吗?

人们常说:"教会应该引导我们。"如果人们是以正确的方式理解教会，这话没错；若是他们的理解不正确，这话就成问题了。说到教会的时候，人们应该是指全体参与活动的基督徒。当他们说教会应该引导我们的时候，是指一些基督徒——那些碰巧具备合适的才能之人——应该成为经济学家或者政治家，而所有的经济学家和政治家都应该是基督徒，而且他们在政治上和经济上的一切努力均应以"你愿意别人怎样待你，你就要怎样待人"这句话为导向。如果事情真是这样，如果我们其余的人都接受这个事实，那么我们很快就会为我们的社会问题找到这种基督教的解决方法。但是，当他们要求教会的引导时，大部分人都是想要牧师实现一个政治计划。这是非常愚蠢的。牧师在整个教会中是这样一种特殊的人：他们在教会接受特殊的训练，用来照看我们这些想要永生的造物；而我们却要求他们去做一些他们未经训练、完全不同的工作。这样的工作应该是由我们这些平信徒来承担的。将基督教的原则运用到这类实际事务，比如运用到商业上的工会主义或者教育上，这种事务必须由基督徒中的工会主义者或者校长来做；就如同基督教文学必须由基督教作家或者戏剧家来创作，而不是来自牧师们的工作台——他们至多只能在业余时间搜集、或者创作一些戏剧和小说。

基督教社会

《新约》尽管没有深入细节,却很清楚地为我们展现了一个全面的基督教社会。也许它所给予我们的东西比我们所能承受的还要多。它告诉我们不要做过客和寄生虫:如果人不工作,那么他也不应该吃饭。每个人都将靠他的双手劳动,此外,每个人的工作都将生产好的东西:再也没有制造愚蠢奢侈品的事业,更没有愚蠢的广告劝说我们购买这些奢侈品。不会有"摆阔"或者"狂妄",也不会有虚张声势。如此说来,基督教社会就会成为我们现在称之为"左翼"的社会。另一方面,这个社会也主张服从——所有人都要服从(以及在外表上尊敬)我们的长官,孩子服从家长,妻子服从丈夫(我担心这个说法可能很不受欢迎)。再次,基督教社会应该是一个令人振奋的社会:充满歌声和欢笑,拒绝忧愁和焦虑。谦恭有礼乃是基督徒的美德之一,而且《新约》也憎恶那些好事之人。

如果确实存在这样的社会,而你和我都曾亲身经历,那么我想我们都会带着一种古怪的感觉而逃离它。我们一定会觉得其中的经济生活非常"社会主义",在某种意义上,也是非常"先进"的。但是其中的家庭生活和行为举止则极为老旧——甚至是一板一眼,贵族化的。每个人都会喜欢其中的一小部分,但我觉得没有人会喜欢它的全部。如果基督教就是人类机器的总规划,那么你所能指望的就是这样的社会。我们都以不同的方式放弃了这个总规划,每个人都对它做了些许修改,又希望这些修改原来就是这规划本身的一部分。你会在真正的基督教事务中再三发现这种现象:每个人都被其中的一小部分吸引,想要撷取这一点点,而放弃余下的东西。

最大的弯路

我要冒昧地猜测一下,本文对读者会有怎样的影响。我想某些左派人士一定深感不满,认为我没有在他们的方向上走得更远;而另一些立场与之相左的人也会不快,认为我走得太远了。如果真是这样,那么我们在为基督教社会绘制蓝图的时候就会遇到真正的阻碍。我们大部分人讨论这个问题时,都不是真心为了找到基督教的真理所在:我们只是希望从基督教中找到支持,可以为各自党派的观点佐证。我们是在寻找一个同盟者,想得到一个主人或是法官。我本人也是这么想的。我原先确实想略去本文中的某些段落。正因为如此,这个演讲并未得出什么结论,除非我们绕一个更大的弯路。除非我们大部分人真心向往,否则基督教社会永远不会来临;而我们不会真心地向往它,除非我们都成为真正的基督徒。我愿意重复"你愿意别人怎样待你,你就要怎样待人"这句话,直至声嘶力竭。但除非我学会爱邻如爱己,我才能真正实践这句话;而我只有学会爱神,才能学会爱邻如爱己;而我只有学会服从神,才能学会爱神。因此,正如我告诫过你的那样,我们已经被逼进了问题的核心——从社会问题走向了宗教问题。因为最大的弯路也就是最短的归途。

5 月 24 日

别无他求

这就是基督教的全部,除此以外一无所有。这话很容易被搅乱。我们很容易觉得教会有很多不同的目标——教育、建筑、宣教、主持敬拜——就像我们很容易认为国家有很多不同的目标——军事、政治、经济凡此种种。但在某个层面上,事情要比这简单得多。国家之所以存在,就是为了要促进及保障普通人在此时的幸福。一对夫妻在火炉边闲聊,几个朋友在酒吧里玩飞镖,一个人在自己的屋里看书,或是在自己的花园里劳作——这就是国家存在的目的。除非它们能够增加、延长并且保障这样的时刻,否则所有的法律,议会,军队,法庭,警察,经济等等,全是形同虚设。与此相似,教会之所以存在不是为了别的,而是为了将人引进基督里面,让他们成为小基督。如果教会没有这样做，那么所有的教堂，神职人员，宣教，仪式，甚至《圣经》本身，也都了无意义。上帝成为人实在别无他求。须知，整个宇宙之被造是否还有别的目的，都是值得怀疑的。

开场白

我希望读者不要将"纯粹"基督教视作现行教团各种教义的替代品……它更像一间门厅，其中有许多门通向各个房间。如我能将一个人带进这间门厅，我就达到了我的目的。然而唯有在房间而非门厅里，才会有火炉、椅子和美食。门厅仅仅是等候进入的地方，从这里你可以通向不同的门，但它并不是住所。正因为如此，我想哪怕其中最差的房间（无论是哪一间）都是可取的。的确有些人会发现他们不得不在门厅里等上一阵，而另一些人几乎立即就可以决定应该去敲哪扇门。我不知道为何会有此差别，但我确定除非上帝认为等待对人有益，否则他不会叫人久等。当你最终进到房间里去的时候，你会发现那漫长的等待给了你某种益处，而这是你用别的方式无从获得。但你必须把它看作等待，而不是安营扎寨。你必须坚持祈求启示：此外毫无疑问，即使是在门厅里，你也须开始努力遵从对整所房子都行之有效的规则。最重要的是，你必须问哪扇门是真的，有的门上的绘画和装饰或许讨你喜爱,却未必就是真的门。用最普通的话说,你不应问:"我是否喜欢这种敬拜仪式?"而应该问:"这些教义是否真实? 这里是否有那神圣的存在? 我的良心是否将我推向此处? 我犹豫不决不去敲门是因为我的骄傲,或仅仅是因为这里不对我的胃口,还是这个守门人不讨我喜欢?"

当你进入自己的房间之后,要记得善待那些选择了不同房间,或是仍然留在门厅里的人。如果他们错了,就更需要你的祷告。如果他们与你敌对,你也必须遵命为他们祷告。这是整所房子共同的守则。

5月 26日

离间教会

大魔头私酷鬼正在提议如何利用教会,图谋不轨:

我想我曾经诫过你,如果你没法让病人远离教会,那么至少应该让他狂热拥护其中一个派别。我不是说教义方面的派别。在这个方面,他越冷淡越好。我们并不依赖教义去制造恶意。真正有趣的事情是在两派人之间——在称"弥撒"和称"圣餐"的两派人之间挑拨离间。他们对于例如胡克①和托马斯·阿奎那思想之间的区别根本说不清一二,坚持自己的观点

---

① 在此可能指理查德·胡克(Hooker, Richard, 1553? —1600),英格兰基督教神学家,安立甘宗神学的创立者。

超不过五分钟。而那些全然无关紧要的东西——蜡烛啦、服饰啦之类——都是我们活动的最佳根据地。我们已经让人忘记了讨厌鬼保罗的话——即那些关于食品和其他琐碎事情的教导,比如在良心上毫无踌躇的人要谦让那些有踌躇的人。你会以为,他们早就对这话的用意了然于心。你以为自己只会看到低级神职人员屈膝下跪并划十字,以免他那职位更高的弟兄的脆弱良心落入不虔诚;而那职位较高的教士则尽量不这么做,以免将他那职位较低的弟兄带入偶像崇拜。幸亏我们席不暇暖地工作,上述情形才没有持续下去。倘若没有我们的努力,英国国教内的仪式分歧早就成为仁慈和谦卑的温床了。

5 月 27 日

一个合适的教会

私酷鬼正在解释,如何把参加教会聚会变成一桩坏事:

如果我们无法治愈一个人喜欢去教堂做礼拜的毛病,至少也可以退而求其次,让他在周围地区四处寻找一个"适合"他的教会,直到他成为一个教会评定人或者鉴赏家。

这样做的道理是很清楚的:其一,我们必须时常攻击这种教区组织,因为它只是一种基于地域基础,而非基于兴趣爱好的组织;它只不过是按照"敌人"的愿望,将许多不同阶级、不同心理的人团结在一起。另一方面,公理会的原则使得每个教会成了某种形式的俱乐部。如果我们的计划一切顺利,它最终就能变成一个朋党或派系。其二,"敌人"本想让人通过找到教会而做一个学生,可是寻找一个"合适的"教会反会让那人变成一个批评家。固然,"敌人"也要求教会中的平信徒们能够对教会持批评的态度,因为他要他们拒斥虚妄和无益的东西;但他同时也要求一种不批判的态度,意即不做评价的态度——人们无须花费时间去琢磨那些他所拒斥的东西,但对于对任何现成的营养,却应顺服而谦卑地接受。(你瞧,咱们"敌人"可真是奴颜婢膝,毫无灵性,粗鄙得无可救药!)尤其在听讲道的时候,这种态度竟能让人把老生常谈也当作金玉良言(这实在与我们的政策背道而驰)。如果人们总以这种态度去听、去看,那么任何一场讲道和任何一本著作对我们都不啻一种威胁。

5月28日

未来的征兆

"无人知晓我们未来将会怎样",但可以肯定的是,我们将会比现世的自己更加丰富,而非更加贫乏。我们自然的经验(包括感官的、感情的、幻想中的)仅仅如同图画,如同一纸铅笔素描。如果它们在日后复活的生命中消失殆尽,消失的也只是铅笔的描痕，真实的风景却依旧矗立。这并非意味着烛焰将尽，而意味着烛焰失色——因为已有人揭开帘幕，推上百叶窗，让高升的太阳照彻寰宇。

5 月 29 日

一个奇特的安慰

恰恰是在她的中心、其真正子民们居住的地方，各个教团在灵性上，而不是在教义上彼此接近。这暗示着，在每个教团的中心有某种东西或某个人，他反对一切信仰上的分歧、一切气质上的差别、一切关于彼此相互迫害的记忆，而用同一种腔调向我们说话。

5 月 30 日

奉献给神的工作

同时，我拒绝这样一种现代人常有的观点，即认为文化活动就其本身而言，就是精神性的、有价值的——仿佛学者和诗人天生就比清洁工和擦鞋匠更得上帝喜悦。我想，是马修·

阿诺德①首先在德语"灵性"(geistlich)一词的意义上使用英语中的"精神性"(spiritual)一词，才引发了这个危险的、反基督教的错误。让我们把这个词永远抛在脑后吧。只有一个条件可以使得贝多芬的大作和一个清洁女工的工作同时荣膺"精神性"之美誉，即它们都是奉献给神的工作，都是怀着谦卑之情呈献给神的作品。当然，这绝不意味着打扫房间和创作交响乐没什么差别。若要展现神的荣耀，鼹鼠就要打洞、雄鸡就要报晓。我们同是一个身体的肢体，然而又彼此相异，每个人都有属于自己的使命。

5月31日

避免清晰的思路

瘟木的病人成基督徒后，私酷鬼说明如何让病人思路混乱：

如今我们最大盟友之一就是教会自身。你万不可误会了我的意思。我在此所说的教会可并不是我们所见的那个横亘古今、遍布寰宇、植根于不朽的教会，像支旗号鲜明的军队那样令人畏惧。所幸的是，人类总会看不到它。你的病人所能看到的，不过是在新地皮上树起了一座尚未完工的仿哥特式

---

① 马修·阿诺德(1822—1888)，英国维多利亚时代的诗人和评论家。

建筑。当他步入其中时,他只能看见当地的杂货商挂着一副谄媚的嘴脸,迎上前来向他奉上一本磨坏的小书——那里面的祈祷文谁也看不懂;再有就是一本破旧的小册子,里面的宗教诗歌均用小号字体排列,印刷错误既多,文字也不甚高雅。当他坐在长椅上四处张望时,他看到的全是那些平时避之唯恐不及的街坊邻居。你必须倚重这些人……如果这些邻居中有人唱歌走调,或是鞋子吱嘎作响,或是长着双下巴,或是奇装异服,你的病人便会轻易地觉得他们的宗教也一定有点可笑。你看,他虽然早先在心里将"基督徒"想象成有灵性的人物,现在却被证明完全是一幅虚构的画面。他满心想的都是古罗马时期的长袍和草鞋、盔甲和赤裸的腿,而这些来教堂的人竟然穿着现代服装! 这对他来说实在太难接受了,虽然只在潜意识的层面上。切勿让这念头浮到意识表面上来,切勿让他自问他究竟对他们的模样有什么期待。此刻只需让他的头脑混乱不清,如此一来,你便可以享有无穷的乐趣,让他感受地狱所能提供的那种清晰思维了。

六 月

茫茫众生

还有一件事情常常使我困惑。这种新生命只给予那些听说过基督并且能够相信他的人,这岂不是太不公平?但实际的情况是,上帝从未向我们透露他对其他人的安排。我们确实知道,除非通过基督,否则无人能够得救。然而我们并不知道,是否只有那些认识他的人才能通过他而得救。但与此同时,如果你真的关心外面的人,你自己就不该继续留在外面,这是最荒唐的事。基督徒就是基督的身体,基督通过这些机体来作工。这个身体每增加一分子,他就可以做得更多。如果你想帮助那些外面的人,就必须把你自己这个小小的细胞加到基督的身体上去,只有基督可以帮助他们。要一个人做更多的工作,反而切去他的手指,这种方式确实太奇怪了。

使徒的见证

在早期基督教中,"使徒"首先是声称见证过基督复活的人。基督受难之后几天,就有两人被提名,来重振因犹大的背叛而受损的基督教。这两人之所以有此资格,就因为他们在耶稣的生前生后都认得耶稣本人,而且能够向后世提供有关复活的第一手证据。几天之后,圣彼得为基督教做了首次传道,他在其中重申:"这耶稣,神已经叫他复活了,我们都为这事作见证。"圣保罗在写给哥林多教会的第一封信中,也基于同样的理由声称自己是一名使徒:"我不是使徒么。我不是见过我们的主耶稣么。"

正如这种资格所示,传播基督教的福音主要就是要传达复活的福音……在《使徒行传》所记载的每篇基督教布道中,复活都是一个核心的主题。复活与其影响就是基督教所带来的"福音",或称"好消息";我们所称之为"福音书"的著作,记载了基督之生与死,乃是稍后为那些业已接受这一福音的人编纂而成的。它们并非基督教的入门读物,而是为那些已皈信者而著。复活的奇迹与有关这一奇迹的神学首先出现,其次才有人出于注疏的目的开始立传……在基督的历史中发生的第一件事,就是一些人声称自己目睹了复活。如果他们尚未来得及让其他人相信这一"福音"就已离世,那么就不会有任何"福音书"存立于世了。

使徒的真正用意

当现代的作者们谈及复活时,他们通常说的是某个特定的时刻——发现了一个空穴,而耶稣在距其数码之外显现,如此云云。对于这个特定时刻的特定事件,当代基督教的辩护者们力图加以佐证,而怀疑者们则力图加以谴责。然而,如此全神贯注于复活后五分钟的时间,一定会让早期的基督教导师们大吃一惊。当他们声称自己目睹了复活时,他们并非一定要强调自己目睹了**那件事**;他们有些人确实看到了,有些人则没有。这次显现并不比升天耶稣的其余几次显现更加重要——当然,像所有事情的发端一样,这次显现确实具有诗性和戏剧性上的重要意义。他们真正声称的乃是,他们全部在不同的时间,从耶稣死后六到七个星期里遇见了耶稣本人。有时他们在单独一人的情况下遇见他,但有一次,十二个人一同看见了他;又一次,大约五百人同时看见他。圣保罗说,当他在公元 55 年写作《哥林多前书》的时候,这五百人中的大部分仍旧在世。

事实上,他们所目睹的"复活",并不是从墓穴中站立起来的行动,而是一个业已升天的状态。根据他们的叙述,这种状态已在一定的时间内陆续得到了见证(除了给予圣保罗的那次会面较为特殊而与众不同①)。这一时期的界限至关重要,因为……我们不可能将复活的教义与升天的教义分割开来。

6 月 4 日

新创造的开始

在过去,人们并未将复活简单地或主要地视为灵魂不朽的证据。当然,今天有很多人是这样看的。我自己就曾听人说,"复活之所以重要,因为它证实了永生。"这种观点与《新约》的立场毫无共通之处。照这种观点看来,基督的死亡和复活与常人没什么两样,唯一的新奇之处在于,他的复活过程我们可以看到。但是,经文中并无一星半点的暗示,证明复活事实上乃是普遍存在的事实。《新约》作者们的写作显示出,基督从死中复活是宇宙历史中前无古人的成就。他乃是"第一桩成就"、"生命的先驱"。他为我们打开了一扇门,这扇门自从第一个人类死亡②之后就一直紧闭。他与死神相遇,与之

---

① 据《圣经》记载,圣保罗在年轻时曾参与对基督徒的迫害活动。但在一次前往大马士革的旅途中,耶稣向他显现并说话,使他因此而改变信仰。

② 指亚当的堕落。

作战,并最终取胜。世界之所以焕然一新,是因为他的这些作为。这就是新创造的开始:宇宙历史的新篇章就此打开。

宛若鬼魂,又不尽然

我想,在某些方面,复活的基督就像通俗传说中的"鬼魂"。他像"鬼魂"一样出现,又像"鬼魂"一样消失:生死之间紧闭的大门对他毫无阻碍。另一方面,他又有力地宣称自己具有肉身,并且食用烤鱼。正是在这个节骨眼上,现代的读者们觉得别扭了。让他们更加别扭的是以下这些话:"不要摸我,因为我还没有升上去见我的父。"在某种程度上,我们对于声音和幻想都有心理准备。但是不准触摸究竟是什么意思呢?"升上去见我的父"究竟所指为何? 就最重要的意义而言,他莫不是早已"和父在一起"了吗? "升上去"除了隐喻与父在一起,难道还有什么别的意思吗? 他又为什么"尚未"升上去呢? 我们之所以会感到别扭,是因为"使徒们"必须陈述的故事在这个时候开始与我们的预期相抵牾。我们必然会感到别扭,这是事先就注定的。

我们期待他们讲述的是一个纯粹"精神性"的复活故事——"精神性"是就该词的否定意义而言,意即,我们使用

"精神性"一词不是为了说明它之所是,而是指代它之所不是。我们所指的是一个不具备空间性、历史性和环境性的生命,且没有任何感官的因素。在我们内心最深处,我们也倾向于忽略基督作为人身的复活,只是将他死后的复活视作神性的复归,因此复活也就不过是道成肉身的逆转或复原而已。正因为如此,所有有关升天之身的情节都令我们好生别扭:它们只能引来棘手的问题。

6月6日

比预期更为怪诞的故事

当我们阅读这些记载时,敬畏和战栗攫住了我们的心。如果这个故事是假的,它至少也是个比我们的预期更为怪诞的故事;无论是哲学性的"宗教",对灵异现象的研究还是普通的迷信,都不可能比它更难令人接受。但如果这个故事是真的,那么宇宙中一定是出现了某种全新的存在模式。

在这种全新的模式中存在的身体,相对于其朋友们所了解的、在死刑之前的那个身体而言,既相似又不相似。它与空间乃至时间都有一种截然不同的联系方式,然而和其朋友们的联系却始终不曾中断。它可以具有"进食"这种动物性的行为,它与物质的联系是如此紧密,以至于我们可以触摸它,尽管一开始最好不要触摸。从复活的第一时间开始,它也经历了一个发展过程,而它不久就将脱胎换骨,或是去向别处。正因为如此,升天的故事才与复活的故事不可分隔。所有的记载都暗示,这个升天的身体终于不再显现。有的记载描述,在受难后六个星期这种显现突然中止。而它们描述这种突然中止的方式,比经文中任何其他段落都令现代人难以接受。因为在这里,我们确定无疑地发现了所有那些原始痕迹,而我曾经讲过,基督徒无论如何都不能对这些事着迷:比如像只气球一样直挺挺地升天,比如一座有模有样的天堂,又比如圣父宝座右侧的华美座椅。"他被接到天上",《马可福音》这样记载:"坐在神的右边。"而《使徒行传》的作者则这样写道:"……他就被取上升,有一朵云彩把他接去,便看不见他了。"

6月7日

全新的世界

根据文献记载,基督在死后既未变成(在此之前无人经历过)一个纯粹"精神性的"(就其否定的意义而言)存在模式,亦未变成一个我们所熟知的"自然"的生命,他所获得的新生命中有一个全新的世界。据这些记载描述,在复活六个星期后,他就隐入某种截然不同的存在模式。经文上说——基督自己也这样说——他是去"为我们准备一个地方"。这可能意味着,他即将为我们去创造这样一种全新的世界,这个世界不但将为他自身中荣耀的人性,也将为我们自身的人性提供环境、创造条件。这是一幅我们无法意料的图景——至于上述说法是否多少有点玄学的意味,则另当别论。这幅图景所暗示的,不是从任何种类的世界转变为一个不受制约的、完全超越的世界。这幅图景描绘的是一种被带入存在的全新人性,一种普遍意义上全新的属性。诚然,我们必须相信,基督升天的身体与我们终有一死的身体全然不同。但在那种全新的状态中,这种无论如何可以被称之为"身体"的存在模式,毕竟具有空间性,而且归根到底将和一个全新的世界发生联系。这幅图景讲述的不是物归原貌,而是翻新改造。我们旧有的时间、空间、物质和感官的领土将要被铲除、被翻新,将种上新的植株。我们也许会对这片旧有的领土感到厌倦,但上帝不会。

6月8日

世上绝无平庸之辈

世上绝无平庸之辈。你曾与之相处的那些生命绝不仅仅只是终有一死的活物。国家、文化、艺术、文明——这些事物均有终结，与我们的生命相比，它们实在微不足道。但是我们与之说笑、与之共事、与之缔结姻缘的人，甚至是那些我们怠慢乃至剥削的人，却不会速朽——他们要么遗臭万年，要么永世垂名。不朽并不意味着我们必将享有永久的庄严，我们必须努力才能享有庄严。然而，我们的喜乐必须是这样一种喜乐（事实上，这才是真正的喜乐）：人们只有从一开始就相互尊重——没有轻率无礼、没有优劣歧视、没有独断专横——才能享有真正的喜乐。而我们的仁慈也必须是真实的、勇于付出的爱，虽然痛惜其罪，仍旧去爱罪人——而不仅仅只是容忍，不是假"爱"之名而纵容，如同假"喜乐"之名而放浪形骸。除了受祝福的圣餐，你的邻居是你的心智所遇到的最神圣的客体。如果他是你的教友，那么他几乎也同样是神圣的。因为在他身上蕴含着耶稣基督[①]——那荣耀者与被荣耀者，那荣耀自身，就蕴含其中。

他们看见了什么？他们对此作何感想？

如果说基督去到一个全新的"世界"，与他"升天"并无干

[①] 原文为拉丁文。

系，或说在他离开这个"世界"时并没有发生"升天"这回事，这样说是非常武断的。所有这一切，包括基督升天的事情，即便都是假设，也是发生在三维空间之内的。如果基督的身体不是这样的身体，如果事发的空间不是这样的空间，我们甚至都不大敢去说，那些目击者究竟看到了什么，或者他们对此会作何感想。毫无疑问，一个我们已知的人类身体可以存在于一个我们已知的星际空间。但升天是要去到一个新世界。我们要探究的，乃是这新旧世界之间的连接处，那转变发生的刹那，究竟是什么样子。

那真正使我们烦扰的问题在于，无论我们说了些什么，《新约》作者的本意却完全是另一码事。我们总是相信，这些作者自认为看到的，是他们的老师启程走向一个可见的有模有样的"天堂"；在那里，上帝端坐在宝座上，而另一个宝座则早已为基督备好。我相信，在某种意义上，这就是他们所看到的事情。鉴于此，我同时也认为，无论他们事实上究竟看到了什么（几乎可以假定，感官的知觉在这样一个时刻必然会混乱不清），他们几乎全都肯定地记得，那是一个向上升空的直线运动。我们切不可认为，他们是将那有形的"天堂"和那空中的宝座以及凡此种种，"误认为"是与上帝相联合的"精神性的"天堂、至高的权柄和至福。

见证的记录

天堂有以下几个含义：(1)一种超越时间万物的不受限制的神圣生命。(2)一个受到福佑的受造生灵对这种生命的分享。(3)一个完整的世界或者环境体系，这个世界和环境能够使得救之人虽然身为人类，却仍旧可以完满并永恒地拥有这种分享。这就是基督要去为我们"预备"的天堂。(4)物质意义上的天堂，即天空，地球运行于其中的空间。我们之所以有能力厘清这四种含义，并恰如其分地把握它们的差别，并不是因为我们拥有某种特殊的精神上的纯洁，而是因为我们具有上千年逻辑分析的传统；不是因为我们是亚伯拉罕的后裔，而是因为我们是亚里士多德的后裔。我们切不可认为，《新约》的作者是把第三、第四种意义上的天堂误认作了第一、第二种意义上的天堂。如果你了解英国的铸币机制，你就不会将半沙弗林误认作六便士①。在他们关于天堂的观念中，潜藏了所有这几个层面的含义，有待后世的分析将其逐一厘清。他们所想的并非仅是一片蓝天，或者仅是一个"精神性"的天堂。当他们抬头仰望蓝天的时候，他们从未怀疑，这散着光、热和细雨的蓝天就是上帝的家园；另一方面，当他们提及基督升天的时候，他们也从未

① 沙弗林金币和六便士银币均为英国旧币制之基本单位。一个沙弗林相当于一英镑，合 40 个六便士。

怀疑,他同时也是在"升入"一个"精神性"的天堂。

目击可靠吗?

　　如果加利利的牧羊人们无法分辨他们在耶稣升天时所看见的一切与那种就其本质而言根本不可见的"精神性"的升天,这既不能证明他们缺少灵性,也无法证明他们什么都没有看见。一个打心眼里相信"天堂"就在天空中的人,和一个能用寥寥数笔点破其谬误的现代逻辑学家比起来,反而对天堂有着更加真实而更富灵性的感知。只要遵从圣父的旨意,就能领悟真道。此人脑海中浮现的那些毫不相干的光辉形象并无不妥,它们的出现并不是没由来的。如果一个只重视理论的基督徒仅仅出于逻辑批评的缘故就否定这些形象,这些形象的纯粹性自然也就没有什么价值了。

天堂为何高高在上

　　头脑简单之人无论如何有灵性,总是会将上帝、天堂以及苍天的概念混为一谈，这并不是偶然的。制造生命的光和热都从天空降至人间，这并非玄谈，而是事实。天空的角色类似于引发，而大地的角色类似于接受，这种说法就其本身而言无可争辩。天空的苍穹包含了一切被感知为无限的东西。当上帝创造了空间和世界，将世界置于空间之中、使她充塞空气，并给予我们眼睛和想象力之时，他就知道天空对于我们的意味。由于他的工作绝非偶然，那么如果他事先知道这一点，那是因为他事先就是这么安排的。我们不能确定，这种联系并非创造自然的主要目的之一；也不能论断，说它无法解释上帝"隐退"的合理性——这种隐退使人的感觉受到由下而上的影响（如果是向大地隐退，就会产生出一种截然不同的宗教）。古代人将天空看作一个属灵的象征，他们毫不迟疑地接受这种思维方式，却又并不止步于此，进而通过分析发现它只是一个象征——他们并不是大错特错——在某种意义上，他们甚至比我们还要正确。

6 月 13 日

近距离和小规模

另一种表达奇迹之真实特性的看法就是认为，尽管奇迹和某些其他的行为毫无共通之处，它们总会与我们不难设想到的两种行为发生联系。一方面，它们并不会与其他的神迹彼此无关；可以说，它们是在近距离和小规模内再现了上帝在其他时间所行的大事，只是这些大事人类并未注意到。另一方面，它们也并非如我们所料，与其他的人类行为毫无关系：它们不过是提前行使了一种能力，而一旦人们也成为上帝的"子民"，进入那个"荣耀的自由之境"，他们全都会拥有这种能力。基督的孤独不是天才的那种孤独，而是先驱者的孤独。他前无古人，却绝不会后无来者。

6月14日

契合无间

正因为如此，将奇迹定义为某种打破自然规律的事件并不恰当。奇迹并未打破自然规律。如果我敲碎了我的烟斗，我就改变了许多原子的位置，最终也就是在一个微不可测的程度上改变了所有的原子。大自然轻而易举地消化并吸收了这个事件，并在一瞬间使之与其他所有事件相协调。我只要把一个单独的事情纳入普遍事件的川流之中，它就能够找到自己的位置，并且和其他所有事件并行不悖。如果上帝毁灭、创造或是改变了某一个单一的事物，他与此同时也就创造了一种新的状态。顷刻之间，整个自然界都随之迁入这个新状态,在她的地盘内将它同化为自己的常态,并使其他所有事件与之相适应。自然总是能够遵从一切规律。如果上帝在童贞女的体内创造了一个神奇的精子,它也并未发展到打破任何规律的地步。自然总是时刻准备着。与所有的自然规律相一致,接下来便是怀孕,九个月之后孩子降生。尽管日常生活中时常有各种事件发生——从生物学领域到心理学领域都有——但物质的自然并不会因此而受到丝毫影响。如果这些事件超越了所有的自然领域,她也不会受到更多的困扰。要知道,她会迅速涌向她的侵犯者,如同抗体涌向我们手指上的切口,然后迅速与新来者相适应。而这个新来者一旦进入了她的领土,也就遵循了她的全部规则。神奇的酒能够醉人,神奇的理念也需要酝酿,神奇的著作也必须忍受字斟句酌的写作历程,神奇的面包也需要被消化。奇迹的神圣艺术并非将一切事物所遵从的模式悬置起来,它只是让新生的事物与这一模式契合无间。

6 月 15 日

如何理解耶稣的奇迹

我认为,在所有这些(耶稣所行的)类似的奇迹中,道成肉身的上帝突然在某地所做的某事,只是上帝在普遍意义上已做和将要做的事。对我们来说，每一个奇迹都用小写字母写出了上帝已行或将行的大事——这些事件如此之大，横跨了整个自然界的疆域，所以你几乎察觉不到。奇迹则为上帝在宇宙中当下的作为或未来的作为，形成了一个具体而微的指针。当它们重复着我们早已在大范围内熟视无睹的事件时，它们不过是旧有创造的奇迹而已。而当它们展示那些尚未到来的作为之时，它们就是新创造的奇迹。它们既不相互隔绝，也不彼此雷同：每一个奇迹都带有上帝的记号，而这些记号，我们本来是通过良知和大自然了解的。这种品性乃是它们真实性的明证。

在进一步做深入探讨之前，我应该申明，我不打算重复任何之前已经问到的问题：基督之所以能行这些事，是否仅仅因为他是神，抑或因为他是个完美的人？因为有人很可能这样想：如果人不曾堕落，那么所有的人类都有能力行类似的奇迹。无论未曾堕落的人类有过怎样的能力，得到救赎之人的能力却将近无限，这才是至关重要的。从其伟大的降世中重又升天的基督，正带着人类的天性冉冉高升。这天性会被塑造成他的"样式"。在他所有的奇迹中，如果说他并非在重复那个旧人（指亚当——译注）在堕落之前所能行的事，他就是在行新人——每一个新人——在得救之后将要行的事。当人性依偎在他的臂膀上，随他一起从幽暗的寒潭浮上温暖的碧波，并最终飞向阳光和空气之时，它也必将变得色彩斑斓，熠熠生辉。

6月16日

当心你自以为想要的东西

如果你认为自己一辈子也不会看到一桩奇迹，这话不错。如果你认为你过去生活中所有乍看上去"离奇"或"古怪"的事情背后都有一个符合自然规律的解释，这话也不错。上帝可不会像从胡椒罐子里抖出胡椒粉那样乱撒奇迹。奇迹只出现于重大的场合：你在历史的重大关头总能找到它们的踪迹——不是政治或社会的历史，而是不能完全为人所知的精神历史。如果你恰巧并非生活在这样的历史关头，你怎样才能期待看到一个奇迹？如果我们是英勇的传教士、使徒或者殉道者，情况会完全不同。但是平凡如你我，为什么要强求呢？除非你住在铁路附近，否则你不会看到列车从你窗前经过。想见证缔结和平协议的场合、见证一项伟大的科学发现、见证一个独裁者的自杀，这真是难上加难。而奇迹发生的机率比这更低。我们也不应过于操之过急（如果我们对此能够理解）。"人们看到的不是奇迹而是苦难。"奇迹和殉难总在历史的同一时空内涌现——而对那样的时空，我们自然是不会希望频繁造访的。我诚挚地奉劝你，别希求亲见一个证据，除非你已经相当确信它不会来临。

信仰的开端

"然而"……"然而"……正是这个"然而",而非任何反对奇迹的明确论断,让我更加担心——当你合上书的时候,那熟悉的四壁和街上熟悉的喧嚣重又历历在目,你又回到了熟悉的观念中,这趋势是如此无法抗拒、间歇反复。假设(如果我冒昧地大胆假设),你在读书时已经不时向往"真实"世界之外的事物,已经感受到古老的理想和恐惧在你心底激荡,可能几乎已经来到了信仰的门槛上——但是现在呢? 不,还不行。现在再次包围你的是个普通而"真实"的世界。美梦到此为止,就如其他所有梦想一样必有终结。因为,这样的事情当然已不是第一次发生了。在你之前的生活中,你曾不止一次听到一个奇怪的故事,读了某本奇怪的著作,看见或者自以为看到了某些奇怪的事情,进入了某种不着边际的理想或恐惧:但每次它都以同样的方式告终。而你总是会纳闷,你如何竟能期望它不要告终,哪怕只是多一刻的期望。因为你回到的那个"真实"世界后对这个期望是如此无能为力。**毫无疑问**,那奇怪的故事是不切实际的,那声音只是你主观的想象,那表面上的奇事只是巧合。你为自己竟然曾经想入非非而羞愧难当:羞愧、释怀、好笑、失望和恼怒一股脑地冒了上来。你本就该知道阿诺德的名言："奇迹不会发生。"

世界的真实面目

大魔头私酷鬼正在对"真实"一词进行概念偷换：

　　眼下他所目睹的这种场面（伦敦闪电战），可能无法使你能够轻易从智识上攻击他的信仰——因为你前几次的失手已经使这种攻击无机可乘。然而，你仍旧可以对他进行情感上的打击。在他首次目睹生灵涂炭之时，你可以让他产生一种感觉，认为"这就是世界的真实面目"，他所有的宗教不过是一种幻梦。你会注意到，我们已经使他们对"真实"一词的含义产生困惑了。他们彼此交流一种异乎寻常的精神体验时，常常会说："其实真实发生的事情，不过就是你在一座灯火辉煌的建筑物里听音乐罢了。"在此，"真实"意味着纯粹的物质事实，与他们实际经验中其他的要素有所不同。另一方面，他们同样会说："坐在安乐椅里对高空跳水侃侃而谈只能是隔靴搔痒，除非你设身处地，才可能领会那种真实的感受。"在此，"真实"一词又和上面所说的那种含义背道而驰了，它不再指一种物质事实（他们在安乐椅里高谈阔论时已经知道了的那种事实），而是那些事实对人类意识所产生的情感上的影响。这两种"真实"的意思都能成立。但我们的任务却是要使这两种意思并行不悖，让"真实"这个词的情感价值有时得到这种解释，有时又得到那种解释——究竟怎样处置，完全由我们掌握。

分辨何为真实

私酷鬼歪曲"真实"一词：

我们已经在人类之中牢牢地建立了一条普遍准则，即在一切可以增添快乐和利益的经验中，只有物质事实是最"真实的"，而一切精神性的要素却只是"主观的"；而在一切令他们丧气和腐化的经验中，精神性的要素构成了最主要的真实，不考虑这些要素就等于做一名逃避主义者。因此人在出生时的血与痛都是"真实"的，快乐仅仅是主观的想法而已；在死亡时，揭穿死亡之"真实"面孔的却是恐惧和丑陋。一个可恨之人的可恨之处是"真实"的——只有在憎恶中你才可以窥见人的庐山真面目，并因此幻想破灭；然而一个可爱之人的可爱之处却不过是主观的雾霭，遮蔽了其中性欲或是经济关系的核心特征。战争和贫穷成了"真实的"恐怖，和平富庶虽是物质的"真实"，但人们只不过偶尔对它们所有感慨。那些小蟊贼们总是在相互指责，说对方"吃着碗里的，还要看着锅里的"；

不过多亏了我们的努力，他们其实时常处于更加尴尬的情形，赔了钱又吃不着。如果你的办法得当，你的病人在目睹人类尸横遍野之时，自然难免悲愤填膺，并将此情感视做真实的表露；而倘若他因看见孩童嬉戏或是风和景明而欢欣鼓舞，他便难免将其仅仅视作主观的情绪而已。

6 月 20 日
同一主义

我用"同一主义"一词来指代这样一种信仰，即"万事万物"，或者"整个世界"，是自在自为的，比每个个别的事物更加重要，它将包含所有个别的事物，使得它们彼此之间不再有明显的差别——即它们必须不仅仅要"在一体内"，还必须"成为一体"。鉴于此，一个同一主义者若是信仰上帝，他就会成为一个泛神论者，将世上的一切无一不看作神。他若是研究自然，便会成为一个自然主义者，将世上的一切无一不看作自然。他认为每个事物到头来"不过只是"其他所有事物的先兆、发展、遗骸、范例或是假面。我认为这种哲学荒谬透顶。当代一位有识之士曾有言，真实就是"无法识别的多样性"。我觉得很有道理。所有的事物都来源于"一"，都以各自不同以及形形色色的方式与"一"相联系。但并非所有的事物都是一。"万事万物"一词就应该意味着一个集合,其中囊括了所有在特定时刻存在的事物(如果我们能做到的话,这个集合得靠无穷的列举才能穷尽)。我们万万不可将它想作一个抽象的大写概念;万不可将它想作一种池塘,装满了各种特殊的东西,或是一只蛋糕,点缀着一些葡萄干。真实的万物是鲜明的、棘手的,错综复杂而又形态各异。同一主义之所以容易被我们接受,是因为它是在这个时代之下——在极权主义、大规模生产、征兵制的时代之中应运而生的哲学。正是有鉴于此,我们必须时刻与之保持距离。

6月21日

天方夜谭

人在自然的状况下所不曾得到的,乃是属灵的生命——那是存在于上帝中的,更高而不同种类的生命。我们用同一个词"生命"来表示这二者,但如果你以为它们别无二致,就如同认为空间的广袤和上帝的无限别无二致。事实上,生物性的生命与属灵的生命之差别是如此重要,因此我不得不给它们取两个不同的名字。生物性的生命来自大自然,它总是具有衰败和毁坏的倾向(如同大自然中其他一切事物),因此,只有从大自然中不断地汲取空气、水、食物等,方能得以维系。

我把这种生命叫做"*Bios*"。而属灵的生命存在于永恒的上帝之中，它创造了整个自然的宇宙，我把这种生命叫做"*Zoe*"①。毫无疑问，"*Bios*"对于"*Zoe*"有某种模糊的或是象征性的相似性，但这只是一种照片与实物，或者雕像与人之间的相似性。一个人的生命从"*Bios*"变成"*Zoe*"，就如同雕像变成人，其转变之大有如天渊。

这恰恰就是基督教的内容。这个世界就是一个大雕塑家的店铺。我们都是其中的雕像。这个店铺里流传一个有如天方夜谭的传闻，即有一天，我们中有的雕像将获得鲜活的生命。

6月22日

我们祈祷中的上帝

一个普通的基督徒跪下来祈祷。他是在尝试与上帝沟通。但如果他是个基督徒，他就会知道，敦促他祈祷的那个力量也正是上帝——可以说，是在他里面的上帝。然而他同时也知道，他有关上帝的真知都来自耶稣基督，那个作为人的上帝——他知道，基督正站在他的身边，帮助他祷告，为他祷告。

---

① Bios 与 Zoe 皆源于希腊文。前者指肉身的生命，后者指永恒的精神生命。

你可以看见这里面的事实。上帝是他所祷告的对象——是他试图接近的目标。而同时，上帝也在他里面敦促他祷告——是他的动力。上帝是道路和桥梁，借此他被推向那个目标。因此，那三位一体的存在所具有的三重生命，确实在那普通人祈祷的普通卧室内运行。这个人正被那更高的生命所笼罩——即我所谓的"Zoe"或者属灵的生命：他正被上帝拉向上帝，然而依旧是他自己。

6 月 23 日

既难又易

我们刚才讨论了基督教的这一观念，即"以基督作为自己的披戴"或者先使自己成为上帝儿女的"样式"，以便我们最终能够成为他真正的儿女。我想要澄清的是，这并不是一个基督徒必要的工作之一，也不是高级课程的特殊训练。这就是基督教的全部内容。基督教除此之外再无别的目的……

基督教的方法有很大的不同，说难也难，说容易也容易。基督说："把你的一切都给我。我不需要你很多的时间、金钱和工作，我需要的就是你。我并非要来折磨你自然的自我，而是要去除它。折中的办法没有任何好处。我并不打算砍掉你这个自我的枝条，我要砍掉那整棵大树。我不会做钻牙、镶牙或者止痛之类的事，而是要将牙拔掉。将你整个自然的自我，以及所有你认为无辜或邪恶的欲望——把这一整套的东西都交予我。我会给你一个全新的自我。事实上，我要把我自己给予你，我的意志将成为你的意志。"

这比我们试图所做的任何努力都更难，同时也更容易。我希望你已经注意到，有时候基督自己也将基督教的救赎之道描绘得或者极其困难，或者极其简单。他说："背起你的十字架。"——换句话说，这就如同在集中营里将被虐待致死。随后他又说："我的轭是容易的，我的担子是轻省的。"他的意思就是既难又易。

6 月 24 日
最难者乃为最易者

老师们都会说，班上最懒的学生到头来学得最辛苦。他们的意思乃是：如果你给两个男孩一道几何证明题，准备付出努力的孩子会试图去理解此题，而懒惰的那个孩子则会试图死记硬背，因为在目前这一阶段，这种法子最省力气。但六个月以后，当他们准备考试的时候，那个懒惰的孩子就得夜以继日地做苦工；而他所补的这些功课，另一个孩子早已领会，只需很短的时间就可以轻松完成。懒惰到头来意味着更多的工作。或者换一种方式讲。在战场上或者爬山的时候，总有一种事特别费力气，然而它也确保了最终的安全。如果你畏缩不前，几个小时以后，你就会发现自己处于更糟的危险之中。怯懦是最为危险的事情。

信仰上的情况也是如此。最为可怕、最不可能的事情，就是交出你全部的自我——你所有的愿望和顾虑———并交给基督。不过，比起我们现在所做的事情，这可容易多了。因为我们现在所做的一切都是要维持那所谓的"自我"，将个人的幸福作为人生的宏大目标，同时又想做个"好人"。我们都想按照自己的心意自行其事——追逐着金钱、快乐或是野心——尽管如此，却又希望表现得诚实、正派并且谦卑。而那正是基督告诫我们所不可行的事。如他所言，蒺藜不能结出无花果来。如果我是一片草地，除了草籽之外别无所有，我就不能产出麦子来。然而如果我想产出麦子，就需要做出深层而非表面的改变。我必须被耕犁，也必须重新播种。

6 月 25 日

让我们一起"伪装"

我们接下来要做什么？这种神学造就了怎样的区别？它

在今晚就能开始造就这种区别。如果你有足够的兴趣读到这里,那你可能也会有足够的兴趣开始做一次祷告:无论你会说些别的什么,你非常可能会说到主祷文。

主祷文的开篇是"我们在天上的父"。你现在是否明白这话的意思?它非常明白地表示,你已经将自己视作上帝的儿女之一。说得生硬一些,你是在"装扮成为基督",你是在伪装(如果你愿意这么说的话)。因为当你明白这话的含义时,你就会明白你其实还算不上上帝的儿女。你不是像"上帝之子"那样的存在,上帝之子的意愿和兴趣都与天父并无二致;而你只是这样一种集合体:汇集了自我中心的恐惧、希冀、贪婪、嫉妒以及骄傲自大,所有这些都注定让你死亡。因此,在某种意义上,装扮成基督简直就是厚颜无耻的行径。但奇怪的事,上帝却要求我们这样做。

伪装成别人有什么好处?须知,即便是在人的层面上,伪装也可以分为两种。有一种是坏的,因为伪装让你取代了真实的事物,好比一个人假装想要帮助你,实际上却不这么做。但同时也有一种伪装是好的:在这里,伪装让你最终走向那真实的东西。当你并未特别具有友好的感觉,却又知道应该表示友好时,通常情况下你所能做的最好的事情,就是表现出友好的举动,表现出一个比实际的你更好的人。就如我们都经验过的那样,几分钟以后,你就真的会变得比以前友好了。

不再是伪装

要得到一种真实的品质,通常唯一的方法,就是要尤如你已有了那种品质一般开始行事。孩童的游戏之所以重要就是这个原因。他们总在装成大人——玩打仗游戏或是开商店的游戏。但是从始至终,他们都是在锻炼肌肉,增长智慧,因此,装成大人确实可以帮助他们成长。

一旦你意识到"我就是在装扮成基督",你很有可能会立即发现一些方式,以便使此时的伪装不再是伪装,而成为真正的现实。你心里会冒出一些念头,而如果你真是上帝之子的话,这些念头是不会出现的。这时,你要立即打住此念。或者,你会意识到你不应该在这里祷告,而应该下楼写信,或者帮太太晒衣服,那么你就尽管去做好了。

弄假成真

你可以就此看出事情的真相。基督本人,上帝的爱子——它既是神(正如父神)又是人(正如你我)——事实上就在你身边,他已开始将你的伪装转变为真实。这并不是

"跟随良心的指引"的另一种故弄玄虚的说法。如果你跟随良心的指引,你会得到一种结果;但如果你想起自己是在装扮成基督,你会得到另一种结果。你的良心可能无法分辨许多事情的对错(尤其是你自己心里的念头),但如果你认真地以基督为榜样,你立即就会明白,这些事情不能再继续。因为你并不仅仅要分辨对错,你是要从一个"人"身上得到好的感染。这更类似于描绘一幅肖像,而并非服从一系列规则。奇怪的是,一方面,这比遵守规则要困难,从另一方面说却要容易许多。

上帝真正的爱子就在你身边。他正开始将你变成他的样式。也可以说,他正开始用他那种生命,那种思想,那种"Zoe"来感染你,把一个玩具锡兵变成一个活生生的人。你心里若有一部分厌恶这种改变,那这一部分就恰还是锡制的。

当我们接近基督时

现在我们要开始回顾《新约》中反复出现的主题。它说到基督徒的"重生"、"披戴基督"、基督"住在我们里面"以及我们转而拥有"基督的心"。

我们切不可以为,这只是一种故弄玄虚的说法,其实不过是让我们阅读基督的言谈并将它付诸实践——就如一个人去读柏拉图或者马克思，并且付诸实践一样。这些话的含义远大于此。它意味着一个真正的人——基督——此时此地就在你祷告的房间里，对你作工。他并不是一个逝世于两千年前的好人，他是一个活生生的人——有如你我；他也是一个活生生的神——就是创世的那位神。他确实已经来临，介入你的自我，去除你原先那个自然的自我，换上他所有的自我。起先，这事只是偶尔发生，随后则时常发生；最终，如果一切顺利，他会将你永久地转变成一个完全不同于以往的存在，变成一个全新的小基督。这种存在虽微小，却分有上帝的生命，并分有他的权柄、喜乐、知识和永恒。

6 月 29 日

地窖里的耗子

除了我们各自的罪行和罪衍之外，我们会开始警觉——不但警觉我们的所作所为，也对"我们是什么"这个问题有所警觉。这听上去比较晦涩，所以我将用我个人的例子解释清楚。当我开始做晚祷，并试图回顾这一天的罪过时，十有八九，我发现我最明显的罪过就是不够仁慈。我要么生闷气，要么粗声粗气，要么瞧不起人、冷落别人，或者大发雷霆。此后我心里立刻会冒上来一些借口，认为这些坏脾气全是如此突然，难以预料；我一时疏忽大意，难以控制情绪。所以这些个别的行为全都情有可原：它们又不是出于故意或是预谋，所以算不上什么更坏的罪过。然而另一方面，一个人在疏忽大意时的所作所为，难道不是对于其本性最有力的揭示吗？一个人在没有时间去伪装之前所暴露出来的，不正是他的真实性情吗？如果地窖里有耗子，那你只有在突然闯入的时候才最有可能看见它们。但这种突袭并不能凭空造出耗子来，只能使它们无法隐藏。与此相类，突然的脾气爆发并不能把我造就成一个坏脾气的人，它只能显示，我原本就是一个坏脾气的人。耗子本来就在地窖里，但假如你吵吵闹闹地走进地窖，它们就会在你开灯之前藏起来。

6 月 30 日

还有更多的耗子

显然，嫉恨和报复的耗子总是藏在我灵魂的地窖里。我的意志无法掌控这个地窖。我可以在某种程度上控制我的行为，但对于我的性情和动机，我却无法直接控制。如果（诚然如我所说）我们"之所是"比我们"之所为"更加重要——如果我们"之所为"恰恰就是我们"之所是"的明证——那么，我需要经历的那种改变，就不是凭借我的一己之力能够做到的。这同样也适用于我的好行为。这些好行为中有多少是出于良好的动机而做的？有多少是出于对舆论的畏惧和虚荣？有多少是出于顽固或者一种优越感？——在不同情况下，这可能导致坏的行为。然而，我不能凭借直接的道德努力为自己行为提供新的动机。在走向基督徒生活的最初几步中，我们会意识到，我们灵魂所必需的每一个改变，都只能由上帝来完成。

七 月

牵着他们的鼻子

私酷鬼提出对付现代人的建议：

　　你得用民主这个词牵着他们的鼻子。我们的语言学家在败坏人类的语言方面已经取得了很大的成就，我无须提醒你，他们绝不允许人类赋予这个词以明确的、可界定的含义。人类也不会这样做。他们绝不会想到民主本来只是政治制度，更进一步地说，只是选举制度的名称，也绝不会想到这与你正竭力兜售给他们的东西之间只有些细微末梢的联系……

　　你应当把这个词纯粹当作一个咒语来使用，如果你愿意的话，我想说，纯粹是出于对它的兜售能力的考虑。人类崇拜这个名称，当然喽，这与人人应当受到平等对待这一政治理想是联系在一起的。然后你在他们的头脑中偷偷作个转换,将这一政治理想变成实际的相信——认为人人现在就是平等的。对你眼下正在对付的这个人尤其应当如此。这样一来,你就可以利用民主这个词,让他在思想上认可一切人类感觉中哪怕是最卑劣的(也是最不愉快的)感觉,让他不但毫无羞愧,而且还带着一种肯定的、自我认同的喜悦来做一些事情,这些事情倘若没有这个咒语为之辩护,便为众人所不齿。

当然喽,我说的那种感觉就是促使一个人说"我和你一样好"的感觉。

——选自"大魔头私酷鬼提议干杯"(《魔鬼家书》)

7月2日

"我和你一样好"

私酷鬼揭示,在促使人们宣称"我和你一样好"的背后隐藏着魔鬼的高招:

第一个、也是最明显的一个好处是:这样你就可以引诱他将一个美妙的、名正言顺的谎言置于自己生活的中心。我的意思不只是说,他宣称自己和别人一样好本身是错误的:他的善良、诚实、聪明的程度不同于所遇到的每个人,正如他的身高和腰围不同于别人一样。我的意思是说他自己不相信这点。任何一个说"我和你一样好"的人都不相信这点,若是相信,他就不这样说了。圣伯纳德狗从来不会对玩具狗说这样的话,同样,有学问的人对愚笨的人、能找到工作的人对无业游民、漂亮的女人对相貌平平的女人也不会说这样的话。除非是在严格的政治领域,否则,只有那些觉得自己在某方面比别人差的人才会要求平等。要求平等这点恰恰表明,"病人"意识到了自己比别人差,这一意识令他浑身不自在、懊恼不安,他拒绝接受这一事实。

由此产生怨恨。是的,怨恨别人身上每一点比自己强的地方,贬低它,希望消灭它。很快他就会疑心,别人与自己的每一点不同都是在宣告比自己强,任何人在声音、服装、行为举止、娱乐方式、食物的选择上都不应该与自己不同。"哼,这人的英语说得比我清楚好听,绝对是故意做作,拖腔扯调,傲慢自负,令人作呕。哼,这家伙说他不喜欢吃热狗,毫无疑问他是自视清高,觉得吃热狗太掉价。哼,这人不开自动电唱机,肯定属于文化素质高的那类人。有什么了不起,不过是臭显摆。他们若都是好人,就该和我一样,没有权利与我不同,这不民主。"

——选自"大魔头私酷鬼提议干杯"(《魔鬼家书》)

不民主的咒语

私酷鬼让人看到思想上的堕落：

[认为"我和你一样好"]这种现象对我们很有用，本身也不是什么新鲜事。它以"嫉妒"这个名字为人所知已经几千年，但迄今为止，人们一直视之为一切罪中最可憎、最荒谬的罪恶。在过去，那些意识到自己心存嫉妒的人会为此感到羞愧，那些没有意识到的人也会对别人的嫉妒决不饶恕。今日之情形令人欣喜的新奇之处在于，通过把民主这个词当作咒语来使用，你就可以认可这种嫉妒感，使它显得高尚，甚至值得称赞。

在这个咒语的作用下，那些在某方面或各方面都比别人差的人，就能够比以往任何时候都更加全力以赴，能够更成功地将别人拉下来，降到与自己同等的水平。不仅如此，在这个咒语的作用下，那些在人性上接近完美或有望接近完美的人，因为害怕不民主，就会从完美的人性面前退却。我已得到可靠的消息：年轻人现在有时候会抑制自己刚刚萌发的对古典音乐或高尚的文艺作品的喜爱，因为这种喜爱可能会妨碍他们变得和大家一样。我还听说，那些真心希望——而且上帝也赐予他们恩典，使他们能够——诚实、纯洁或者节制的人，拒绝变得诚实、纯洁、节制。因为接受这些美德可能会使他们变得与众不同,可能会再次冒犯"生命之道",①使他们脱离群体,破坏他们与之一体的关系,(最最可怕的是)他们可能成为个体。

所有这一切都集中体现在一位年轻女士的祷告中。据说她最近曾这样祈祷:"噢,上帝,求你让我成为一个正常的二十世纪的女孩!"多亏我们的努力,这样的祈祷逐渐地就意味着:"让我成为一个顽皮的姑娘,一个低能者,一个寄生虫。"

——选自"大魔头私酷鬼提议干杯"(《魔鬼家书》)

7月4日

民主的专制

私酷鬼揭示了最终的目的:

我要你集中精力在那场全面广阔的运动上。这场运动的目的旨在使人类的每一点杰出之处——道德的、文化的、社会的、理性的——统统都丧失信誉,最终消灭。看到(咒语意义上的)民主现在在用同样的方式替我们行最古老的专制政权所行之事,岂不是太棒了吗?你知道,希腊有一位独裁者(当时人们称之为"僭主"),他派使节去另一位独裁者那里,向其

---

① 第一次违背生命之道是亚当、夏娃不听上帝的命令,偷吃了"分别善恶树"上的果子。

请教统治之道。后者把使节领到一块玉米地旁,凡超出平均高度一英寸左右的玉米,他都用手杖把那些玉米的头统统扫掉。它的寓意很清楚,即,不允许臣民中存在任何杰出的人。谁比普通大众更聪明、更出色、更有名,甚至更漂亮,就不让谁活。把他们统统剪到同一个水平:人人都是奴隶,人人都无足轻重,人人都毫无价值,人人平等。这样,僭主在某种程度上就能够实行"民主"。而如今,"民主"无需别的专制,只需要自身的专制就能达到同样的目的。现在谁也不必拿着手杖去走遍玉米地了,因为那些矮株自己现在就会把高株的头咬掉;而那些高株,因为希望自己长得像棵正常的玉米,也开始把自己的头咬掉。

——选自"大魔头私酷鬼提议干杯"(《魔鬼家书》)

7月5日

民主的必要

我相信政治平等。但是,当一名民主主义者有两个截然相反的理由:你可能认为人人都好,因而配得上参与国家的管理,人人都聪明,因而国家需要他们的建议。这种民主理论在我看来是错误、不切实际的。另一方面,你可能认为堕落的人类很坏,没有一个人我们可以委以权力管理他人,而他自己无需承担任何责任。

这在我看来正是民主的真正理由。我相信上帝创造的不是一个平等主义的世界。我相信，父母对子女、丈夫对妻子、博学之人对头脑简单之人拥有权威，就像人对动物拥有权威一样，这是上帝最初计划的一部分。我相信，假如人类没有堕落，……族长式的君主政体应该是唯一合法的政体。可是，既然我们已经学会了犯罪，我们发现，正如艾克顿勋爵所说的，"一切权力均已腐败，绝对的权力绝对地腐败，"唯一补救的办法就是把权力夺去，代之以一种法律构想——平等。父权、夫权在法律的层面被合理地废除，不是因为这种权威本身不好（相反，我认为它们有着神圣的起源），而是因为父亲和丈夫不好；神权政治被合理地废除，不是因为有学问的教士管理无知的平信徒不好，而是因为教士和我们其他人一样邪恶。甚至人对动物的权威也不得已受到干涉，因为这一权威常常遭到滥用。

——选自"作为肢体"（《荣耀的重负》）

7月6日

药物，而非食物

在我看来，平等和衣服所处的地位相同——平等是人类堕落的结果，也是对人类堕落的补救。我们已经到了平等主义的阶段，想沿着我们来时的台阶走回去、在政治层面重新引入古老的权威，这方面的一切尝试在我看来都像脱掉衣服一样愚蠢。纳粹分子和裸体主义者犯的是同样的错误。然而，真正活着的是仍在我们每个人衣服之下的赤裸的身体，我们真正关心的是那个仍然活着、并且（很妥善地）隐藏在平等的公民权利和义务这一表象背后的等级制的世界。

请不要误解我的意思。我一点也不是在贬低这种平等主义构想的价值，它是我们防范相互凶残的唯一手段。一切有关废除成年男子选举权或"已婚妇女权力法"的提议，我都强烈反对。尽管如此，平等所发挥的作用是纯粹保护性的，它是药物，而不是食物。把所有人都当作仿佛属于同一类型来看待（有意识地无视观察到的事实），我们就可以避免无数的罪恶。然而，上帝创造我们时原本不是要我们靠民主为生。

——选自"作为肢体"（《荣耀的重负》）

7月7日

新观点

基督教宣称每个人都会永远活下去，这句话不是对就是错。倘若我只能活七十岁，有很多事就不值得我去操心。可是，倘若我永远活下去，那我最好认真地考虑考虑。我的坏脾气或嫉妒心也许会慢慢地变得越来越严重，这一变化过程是如此地缓慢，在七十年内发展得也不会太显著，但是，若是在一万年之内，那就可能绝对是地狱了。实际上，如果基督教说的对，用地狱来描述我未来的状态是再准确不过了。人的不朽还带来了另外一个差别，这个差别逐渐地与极权主义和民主之间的差别关联起来。倘若一个人只能活七十岁，那么一个可能会存在一千年的国家、民族或文明就比个人重要。但是，如果基督教说的对，个人就不但更重要，而且是无与伦比地重要，因为他会永存，与他相比，一个国家或文明的寿命只是一瞬间。

——选自《返璞归真》

7月8日

抛弃一切虚无的东西

基督徒生命中的真正难题往往在你想象不到的时刻到来——在你每天早晨醒来的那一刻到来。在那一刻，你对那天所抱的一切愿望和希望都如猛兽般向你冲来。每天早晨你要做的第一件事就是把它们统统推回去，转而聆听另外一种声音，采取另外一种看法，让另外一个更大、更强、更宁静的生命流淌进来，整个一天都是如此。远离一切尘世的烦躁和忙乱，抛弃一切虚无的东西。

这样做，一开始我们只能坚持片刻。然而在这些片刻当中，一种新的生命开始不断地漫布我们全身，因为此刻我们在让上帝在我们身上需要的地方做工。这种生命与以前生命的区别就如同涂料与染料或染色剂之间的区别：涂料只是涂在表面，染料或染色剂却彻底地浸透。上帝从不讲含含糊糊的空话，当他说"你们要完全"时，他真的要求我们完全，他的意思是我们必须接受全面的治疗。这很难，然而我们一直都渴望的那种妥协更难。实际上，这种妥协根本不可能。由鸟蛋变成鸟也许很难，但是，如果一直停留在鸟蛋的阶段，想学会飞就更加困难。我们现在就像鸟蛋，你不可能始终只做一只普普通通的好看的鸟蛋，我们必须孵出来，否则就会变坏。

——选自《返璞归真》

7月9日

全面的治疗

我发现很多人对主说的"你们要完全"这句话感到疑惑。有些人似乎认为，这句话的意思是"你若不完全，我就不帮助你。"因为我们不可能完全，所以主如果指的是那个意思，我们就将处于非常绝望的境地。然而我认为那不是主的意思，我想他的意思是："我为你提供的唯一帮助是帮助你成为完全的人，你的要求可能会低些，但我不会给你低点的东西。"

让我来解释一下。我小时候经常牙痛，我知道若去找妈妈，她会给我点什么药，止住当晚的牙痛，让我入睡。可是我不去找妈妈，至少，不到痛得受不了时不去找她。原因在于：她会给我吃阿司匹林，这点我不怀疑，但我知道她还会采取别的措施，知道第二天早晨她要带我去看牙医。我若想从她那里得到我想要的东西，就不能不得到其他我不想要的东西。我希望牙痛能够立即得到缓解，但不让人彻底地矫正我的牙齿我就别想牙痛立即得到缓解。我知道那些牙医，知道他们开始不断地捣鼓各种还没开始痛的牙齿。睡着的狗他们也不肯让它安歇，得寸进尺。

如果可以这样说的话，我想说主就像牙医，他会得寸进尺。许多人到主面前是希望主能根治他某个特定的罪，他们为这个罪感到耻辱（如，手淫或肉体上的懦弱），或是这个罪明显地破坏了他的日常生活（如，脾气暴躁或酗酒）。当然，主会根治这个罪，但是主不停留于此。你要求的也许只是这些，但是，你一旦把主请入，他就会给你全面的治疗。

——选自《返璞归真》

7月 10日

"我要成全你"

主曾经告诫人们，在成为基督徒之前要"算计花费"。①"别误会，"他说，"如果你接受我，我就要成全你。在你把自己交到我手中的那一刹那，你就注定要这样，决不少于完全，也不会变成别样。你有自由意志，如果你愿意，你可以把我推开。但是，如果你不把我推开，你要明白，我会把这项工作进行到底。不管这样做会让我付出怎样的代价，我都不会停息，也不会让你停息，直到你确实成了一个完全的人，直到我父能够毫无保留地说你是他所喜悦的，正如他说我是他所喜悦的一样。我能做到这点，也会做到这点，但不会做得比这少。"

可是，这位从长远来看只对绝对的完全感到满意的帮助者，他也会因你明天为尽最简单的义务而作出的一点微弱的、跌跌撞撞的努力感到高兴，这是使你成全的另外一个同样重要的一面。正如一位伟大的基督教作家（乔治·麦克唐纳）指出的，每位父亲都为孩子第一次尝试迈步感到高兴，但没有哪一位父亲会对成年的儿子没有迈出从容坚定的男子汉步伐感到满意。同样，麦克唐纳也说："让上帝高兴容易，令他满意却很难。"

——选自《返璞归真》

---

① 参见《路加福音》14：28，"你们哪一个要盖一座楼，不先坐下算计花费，能盖成不能呢？"

要么完全，要么失败

　　一方面，在你眼下努力地去学好，甚至在眼下遭遇挫折时，你不必因上帝对完全的要求而感到丝毫的气馁。每次你跌倒，上帝都会把你再扶起来，他很清楚你凭自己的努力永远不会接近完全。另一方面，你从一开始就应该认识到，上帝即将引领你奔向的终点是绝对的完全，在整个宇宙中，除你自己以外没有任何力量能够阻止他带你到达那个终点，那是你注定要去的地方。意识到这点很重要，因为，倘若意识不到这点，我们就很可能在过了某个阶段之后就开始撤退，开始拒绝上帝。

　　　　　　　　　　　　　　　　　　——选自《返璞归真》

假谦卑

　　我想我们当中有很多人，当基督赐予我们能力克服一、两种以前显然令人厌恶的罪时，往往就认为（虽然没有用语言表达出来）自己现在已经相当不错了，我们想要基督为我们做的一切他都做了，如果他现在就不再干涉我们，我们将非常感激。正如我们所说的，"我从来没有希望自己成为圣人，我只想做一个体体面面的普通人。"说这话时，我们以为自己很谦卑。

但是，这是一个致命的错误。当然，我们从来没有希望，也从来没有要求变成上帝原先计划的那种造物。可是，问题不是我们希望自己变成什么，而是上帝造我们时希望我们变成什么。他是发明者，我们只是机器，他是画家，我们只是图画，我们如何知道他对我们的计划？要知道，他已经使我们与以前大不相同了。很久以前，在我们出生以前，当我们还在母腹中时，我们就经历了各种不同的阶段，我们曾经一度颇像蔬菜，还颇像鱼，只是在后期才变得像婴儿。倘若我们在早期就有意识，我敢说我们会对永远做蔬菜、做鱼感到很满足，不想变成婴儿。但是，上帝自始至终都很清楚他对我们的计划，并且决心要实施这一计划。同样的情况现在发生在更高一级的层次上。我们可能满足于永远做所谓的"普通人"，但是上帝决定要实施一个截然不同的计划。从这个计划前退缩不是谦卑，而是懒惰和怯懦，服从这个计划不是自负、妄自尊大，而是顺服。

——选自《返璞归真》

只是一个阶段

路易斯哀悼妻子乔伊的去世：

然后这个人或那个人去世了，我们就认为爱被中断，就像舞蹈中途停止、花冠不幸突然夭折了一样。某个东西被截短，因而失去了它应有的形状。我在想，如果真像我不由自主地猜想的那样，去世的人也能够感受到离别的痛苦（这也许是他们在炼狱中经受的痛苦之一），那么对相爱的双方（一切相爱的双方，无一例外）来说，失去亲人是我们整个爱的经历的一部分。它继婚姻而来，就像婚姻继求爱、秋天继夏天而来一样正常，这不是爱的过程的缩短，只是其中的一个阶段，不是舞蹈的中断，只是开始下一个舞步。当所爱的人在这里时，我们高兴得忘了自己。然后舞蹈中出现了悲剧的舞步，在这个舞步中，虽然所爱的人肉身已退，我们也必须学会高兴得忘了自己，学会爱她本身，而不是退回去爱我们的过去、我们的记忆、我们的悲伤，或者爱悲伤的解脱，爱我们自己的爱。

——选自《卿卿如晤》

天堂里的雪茄

路易斯哀悼妻子乔伊的去世：

我知道我想要的东西正是我永远无法得到的东西：过去的生活、玩笑、饮酒、争论、做爱、那些令人心碎的平常小事。无论在何种意义上，说"H.去世了"就等于说"所有那一切都不复存在。"我想要的东西是过去的一部分，过去就是过去，时间的意思即是过去。时间本身是死亡的别名，天堂本身就是"从前的东西已经逝去"的一种状态。

同我谈宗教的真理，我高兴地听；同我谈宗教的责任，我谦恭地听；但是，请不要同我谈宗教的安慰，否则我会怀疑你不懂。

当然，除非你真的相信纯粹用尘世的言语描绘的家人在"彼岸"重聚的那套东西。但那些都不符合《圣经》，都出自低劣的赞美诗和出版物，《圣经》中没有一句有关这方面的话，那套东西听起来就是错的。我们知道情况不可能如此，现实从来不会重演，完全同样的东西绝不会被拿走了又还回来。灵性论者多么善于引诱！"此岸的情况根本没有太大差别"，天堂里也有雪茄。那是我们大家都喜欢的事，快乐的过去又恢复了。

那正是我所祈求的，我祈求的就是它——在午夜，对着虚空,一遍又一遍热切地祈求。

——选自《卿卿如晤》

7月15日

轻一点,轻一点

路易斯哀悼妻子乔伊的去世:

我的这份悲伤怎样发展,我怎样对待这份悲伤,这有什么重要的呢?我怎样来纪念她,或者我是否会纪念她,这有什么重要的呢?所有这种种的选择都既不会减轻也不会加重她过去的痛苦。

她过去的痛苦。我怎么知道她一切的痛苦都已过去?我以前从不相信——认为绝对不可能——在死亡降临的那一刻最忠实的灵魂能够径直跃入完全和安宁的境界。现在希望如此,可谓是异想天开,带有接受惩罚的成分。H.是个非常出色的人,她的灵魂就像一柄锤炼过的剑,笔直、闪亮。但她不是一个已经完全的圣人。一个有罪的女人与一个有罪的男人结合,两人都是上帝的病人,尚未治愈。我知道不仅有眼泪需要擦干,还有污渍需要洗涤,这柄剑会锤炼得更闪亮些。

可是,噢,上帝,请你轻一点,轻一点。

——选自《卿卿如晤》

上帝手中的剑

路易斯哀悼妻子乔伊的去世：

赞美是一种爱的方式，始终含有某种快乐的成分。赞美要有恰当的次序，应当把上帝当作赐予者来赞美，把她当作上帝赐予的礼物来赞美。不管距离被赞美者有多远，我们在赞美之时，难道不是在某种程度上享受所赞美的对象吗？我应该多一些赞美。我已经失去了曾经从 H.那里获得的享受。上帝若有着无限的慈爱，我有时候也能够享受到他，而今处于悲伤的低谷，我也失去了那份享受。然而通过赞美，我仍然能够在某种程度上享受她，我也已经在某种程度上享受上帝。有胜于无。

但我可能缺乏赞美的天赋。我看到自己把 H.描述成像一柄剑，这样的描述没有错，但就其本身来说远不够充分，而且令人误解。我应该平衡一下，应该说："可是她也像座花园，像一套花园，墙内有墙，篱笆内有篱笆，往里走得越深，越隐秘，越充满着芬芳茂盛的生命。"

然后，对于她，对于我所赞美的每一样造物，我应该说他们"在某方面，以其独特的方式，像那位造物主。"

这样就从花园上升到"园丁"，从剑上升到"铸剑者"，上升到赐与生命的"生命"、创造美的"美"本身。

"她在上帝的手中。"当我把她看作一柄剑的时候,这句话增添了新的含义。也许我和她共度的尘世生活只是锤炼的一个部分。也许上帝正抓住剑柄,掂量着这件新武器,在空中挥舞着它,剑光闪闪,上帝说:"真正是一把耶路撒冷的剑。"

——选自《卿卿如晤》

7月17日
真理的两个方面

我们还可以用另外一种方式来表述这一真理的两个方面。一方面,我们千万不要以为,无需帮助,依靠我们自己的努力,我们就可以做一个"体面的"人。我们自己的努力甚至无法保证我们在后二十四个小时内做一个"体面的"人,假如没有上帝的帮助,我们中间没有人能够避免犯这样那样的重罪。另一方面,有史以来最伟大的圣人,他们的圣洁、英雄品质无论达到怎样的程度,都没有超出上帝决心要在我们每个人身上最终成就的事业范围。这项事业此生不会完成,但是,上帝希望在我们去世之前尽可能取得更多的进展。

所以,如果我们遇到困难,千万不要惊讶。当一个人归向基督,似乎进展顺利时(在坏习惯现在得到改正这个意义上),他往往觉得一帆风顺是很自然的事。疾病、经济困难、新的诱惑等烦恼来了,他就感到失望。他认为,这些东西在他过去堕落时也许是必要的,可以唤醒他,促使他悔改,可是为什么会在现在出现?这是因为上帝在驱使他向前,或者向上,达到一个更高的层次。上帝将他置于这样的情境之中,要求他比梦中想象的还要更加勇敢、有耐心、有爱心。这一切对于我们来说似乎没有必要,那是因为我们根本不知道上帝想要在我们身上成就怎样惊人的事业。

——选自《返璞归真》

7 月 18 日

被改变

我发现自己还得借用乔治·麦克唐纳的一个比喻。请你把自己想象成一座住房,上帝进来重修这座房子。一开始你可能明白他在做什么,他疏通下水道,修补屋顶的漏洞等等,你知道这些工作需要做,所以并不感到惊讶。可是不久,他就开始在房子四处敲击,让房子疼得厉害,而且好像也没有任何意义。他到底要干什么?回答是:他在建一栋与你原先想象的截然不同的房屋,在这里新建一幢副楼,在那里添加一层,再搭起几座塔楼，开辟几片院落。你原以为他要把你盖成一座漂亮的小屋，可是他在建造一座宫殿，他打算自己来住在里面。

"你们要完全"，这一命令不是空想家的空谈，也不是命令你去做一件不可能的事，他要让我们成为能够遵守这一命令的造物。他（在《圣经》中）曾说我们是"神"，现在他要让自己的话成为现实。如果我们允许（因为我们若愿意，也可以阻止他），他会让我们中间最软弱、最卑鄙的人变成男神或女神，变成一个光彩夺目的不朽的造物，浑身上下充满着现在无法想象的活力、快乐、智慧和爱，他会让我们变成一面明镜，毫无瑕疵，圆满地（当然，在较小的程度上）反映出他自己无穷的力量、喜乐和善。这个过程会很漫长，有些部分还很痛苦，但不可避免。上帝说到做到。

——选自《返璞归真》

7 月 19 日

真正的自我

必须彻底放弃自我，可以说，必须"盲目地"抛弃自我。基督确实会赋予你一个真正的人格，但你千万不要为了人格去寻求他。只要你关注的仍然是自己的人格，你就没有真正去寻求他。你要做的第一件事正是要努力彻底地忘记自我。只要你在寻求自我，真正的、崭新的自我（这个自我是基督的，也是你的，正因为是他的，所以才是你的）就不会出现。只有在你寻找他时，这个真正的、崭新的自我才会出现。这听起来很奇怪，是吗？你知道，在一些更为普通的事情上，道理也是如此。在社交生活中，除非你不去考虑自己在给别人留下什么印象，否则，你绝不能给别人留下好印象。在文学、艺术中，一心想有独创性的人绝不会有任何的独创性，但是，如果你只想讲出真理（一点也不在意这个真理以前怎样频繁地被人讲述），十有八九在无意之中，你就已经有了独创性。这一原则贯穿整个生活的始终。放弃自我，你就会找到真正的自我；丧失生命，你就会得到生命。每天顺服于死亡，顺服于自己的抱负、挚爱的心愿的死亡，最终顺服于整个身体的死亡，全心全意地顺服，你就会发现永恒的生命。要毫无保留，你尚未放弃的东西没有一样真正属于你，你身上尚未死去的东西没有一样能从死里复活。寻找自我，最终你只会找到仇恨、孤独、绝望、狂怒、毁灭、朽坏，但是，寻找基督，你就会找到他，还会找到附带赠送给你的一切。

——选自《返璞归真》

给我们的词语下定义

　　"基督徒"这个名称最初用在安提阿(《使徒行传》11:26)，指"门徒"，即那些接受了使徒教导的人。用这个词来专指那些从使徒的教导中充分获益的人，这没有问题；把它引申到指那些以某种纯净、灵性、内在的方式远比其他门徒"更接近基督之精神的人"，这也没有问题。在此涉及的不是神学或道德的问题，只是用词的问题，我们要让所有人都明白大家谈论的是什么。当一个人接受了基督教教义，行事为人却与之不相称时，说他是个不好的基督徒比说他不是基督徒意思要明确得多。

——选自《返璞归真·前言》

沉思神圣的生命

　　上帝的那些要求在我们自然的耳朵听来最像暴君的要求，最不像一个爱我们的人提出的要求。然而，假如我们知道自己想要的是什么，那些要求实际上就会引领我们去我们想要去的地方。上帝要求我们俯伏敬拜、遵从顺服他。我们以为这些会给上帝带来什么好处吗？或是担心像弥尔顿诗中的叠句所说的那样,人类的不虔诚会导致"他的荣耀的减少"?人拒绝敬拜上帝不会减少上帝的荣耀,正如一个疯子在自己小房间的四壁涂上"黑暗"一字并不能使太阳熄灭一样。然而上帝希望我们好,我们的好处就在于爱他(以受造物应有的那种回应式的爱去爱他)。爱他就必须认识他,我们若认识他,也就会真正地俯伏敬拜他。我们若不敬拜他,那只能说明我们现在尽力爱着的还不是上帝,尽管那可能是我们能够想到和想象到的最接近上帝的东西。然而,上帝不仅要求人顺服、敬畏,还要求人沉思神圣的生命,即让受造物分有神圣的属性,这远远超出了我们现在的期望。《圣经》上命令我们要"披戴基督",要变得像上帝。也就是说,不管我们是否喜欢,上帝都打算把我们需要的——而不是我们现在认为自己想要的——东西给予我们。我们再次因为上帝对我们过高的看重,因为他对我们太多的而不是太少的爱而措手不及。

——选自《痛苦的奥秘》

7月22日

根据结果判断

如果基督教是真理,为什么不是所有的基督徒都明显比所有的非基督徒要好？蕴藏在这个问题背后的想法有些非常合理，有些一点也不合理。合理的地方是：如果归信基督教对一个人外在的行为没有任何促进，如果他仍然像以前那样势利、心术不正、嫉妒、野心勃勃，我想我们一定会觉得他的"归信"在很大程度上是假的。一个人在最初归信之后，每次认为自己取得了进步，都可以以此来检验。感觉良好，对事物有了新的洞察，对"宗教"更感兴趣，这些若对我们实际的行为没有促进，都是毫无意义的，就像人生病，如果温度计显示你的体温仍在升高，"感觉好点"并无多大益处。在这个意义上，外界根据结果来评判基督教是很正确的。基督告诉我们要根据结果来评判，凭着果子就可以认出树来，或者像我们说的，布丁好不好，尝尝便知道。当我们基督徒行为不正，或者没有做出行为端正的时候，我们就使得基督教在外界看来是不可信的。战时的标语告诉我们，不负责任的流言以生命为代价，同样，不负责任的生命以流言为代价也是真的。我们不负责任的生命会促使外界去传播流言，我们给了他们传播流言的根据，这样的流言让人对基督教的真理本身产生怀疑。

——选自《返璞归真》

行动之外

私酷鬼建议如何从敌人手中夺回"病人"：

　　我们还要继续考虑怎样挽救这场灾难。最重要的是要阻止他采取任何行动，只要他不付诸行动，他怎么反复地思考这种新近的忏悔都没关系。让那个小畜生沉迷其中吧，要是他有什么写作方面的癖好，就让他写本这方面的书吧。要想扼杀"敌人"播在人心灵中种子的生命力，写书往往是一个极好的方法。只要他不采取行动，让他干什么都成。他想象和情感中的虔诚，不管有多大的成分，只要我们能将它保持在他的意志之外，就于我们无妨。正如有一个人说的，主动的习惯因重复而巩固，被动的习惯因重复而削弱。他越常常只感受不行动，就越不能够行动，从长远来看，就越不能够感受。

——选自《魔鬼家书》

提醒还是鼓励？

　　这对每个人都是一个告诫或鼓励。如果你是好人，也就是说，如果你很容易拥有美德，要当心！给予你的越多，对你的期望也越高。如果你错把上帝赐予你的天赋误当作自己的美德，如果你满足于仅仅做个好人，你仍然是叛逆者，所有那些天赋只会使你堕落败坏得更甚、产生的坏影响更大。魔鬼曾经是大天使，他的天赋远远超过你，就像你的天赋远远超过黑猩猩一样。

可是，如果你是一个不幸的人——在一个充满了庸俗的嫉妒和毫无意义的争吵的家庭中长大，深受其害；并非出于自己的选择，患有令人憎恶的性变态；整天为自卑感所困扰，对自己最好的朋友也要予以攻击——不要绝望。上帝知道这一切，你是他赐福的不幸的人之一，他知道你努力驾驶的那辆车有多破。继续努力，尽自己所能，将来有一天（也许在另一个世界，也许要提前得多），他会把那辆车丢进垃圾堆，给你一辆新车。那时你可能要令我们所有人，尤其是你自己大吃一惊，因为你是在一所艰苦的学校里学会了驾驶（有些在后的将要在前，有些在前的将要在后）。

——选自《返璞归真》

7 月 25 日

爱人如己

我究竟是怎么爱我自己的？

想到这点，我发现自己实际上并没有怎么喜欢过自己、爱过自己，我有时候甚至不喜欢与自己交往。所以，"爱邻人"的意思显然不是"喜爱他"或"发现他有魅力"。我以前就应该明白这点，因为你显然不可能通过努力喜爱一个人。我自我感觉不错，认为自己是好人吗？有时候我可能这样认为（毫无疑问，那都是在我最坏的时候），但是那并不是我爱自己的原因。事实正相反：爱自己让我认为自己很好，但是，认为自己很好并没有让我爱自己。因此，爱仇敌的意思显然也不是认为他们很好。这让我们卸下了一副重担，因为很多人以为，宽恕仇敌的意思就是在仇敌显然很坏的时候假装他们实际上没那么坏。再进一步想想。在我头脑最清醒的时候，我不但不认为自己是好人，还知道自己是个非常卑鄙的人，对自己做过的一些事感到恐惧和厌恶。所以，显然我有权厌恶、憎恨仇敌做的一些事。

——选自《返璞归真》

7 月 26 日

爱罪人

想到这点，我记起很久以前我的基督徒老师告诉我的话：我应该恨坏人的行为，而不应该恨坏人本身，或者像他们常说的,恨罪,不恨罪人。

　　有很长一段时间我都觉得作这样的区分很可笑,毫无意义,你怎么可能恨一个人的行为而不恨这个人本身?但是,几年后我想到了一个人,这个人我一辈子都是这样对待他。这个人就是我自己。不管我可能多么讨厌自己的怯懦、自负、贪婪,我仍然爱我自己,从来没有勉强过自己。实际上,我恨这些东西正是因为我爱这个人,正因为爱自己,我才会为发现自己就是干这些事的人而难过。所以,基督教不要求我们减少一丝对残忍、叛逆的恨,我们应该恨它们,我们谴责它们的每一个字都是必要的。但是,基督教要求我们恨它们就像恨我们自己身上的事一样:为那个人竟然干出了那样的事感到难过,如果有可能,希望他能够以某种方式、在某个时候、某个地方得到纠正,重新做人。

——选自《返璞归真》

7 月 27 日

真正的考验

　　假定有个人在报纸上读到一篇有关暴行的报道,再假定突然冒出来一件事,暗示他这篇报道可能并不太真实,或者不像人们理解的那么可怕。那个人的第一感觉是"感谢上帝,原来并没那么可怕"呢？还是感到失望，甚至纯粹为了自己高兴把敌人尽可能往坏处想，坚持相信第一篇报道？如果是第二种情况，那恐怕只是一个过程的开始，沿着这个过程一直下去，我们就会变成魔鬼。要知道，从这时起，人就开始希望黑色再黑一点。任其自由发展，以后我们就会希望把灰色也看成黑色，再连白色也看成黑色，最后就会坚持把一切，包括上帝、朋友、我们自己都看成是坏的，想不这样看都不行。我们将永远陷在一个只有仇恨的宇宙中。

——选自《返璞归真》

7 月 28 日

爱仇敌

我想有人可能会说："如果基督教允许人谴责仇敌的行为、惩罚他、杀他，它的道德观和普通的观点之间有什么区别？"二者之间有着天壤之别。记住，我们基督徒认为人有永生。所以，真正重要的是位于灵魂里面核心部位的那些小小的标志，或者说转弯处，它们最终决定灵魂是上天堂还是下地狱。必要时我们可以杀人，但绝不可以恨人，并以此为乐；必要时我们可以惩罚人，但绝不要以此为乐。换句话说，我们里面的某个东西——那种怨恨的感觉，想要报复的感觉必须彻底摧毁。我的意思并不是说每个人现在就能决定他以后再也不会有这种感觉,现实不是如此。我的意思是,日复一日,年复一年,在我们的一生中,每当这种感觉出现时,我们都必须给它一个迎头痛击。这很难做到,但并非不可能。即使在杀人、惩罚人时,对仇敌我们也应该尽量像对自己一样,真心希望他不坏,希望他在此世或彼岸可以改过自新,一句话,希望他好。这正是《圣经》中说的爱他的意思:希望他好,而不是喜爱他,也不是在他不好的时候说他好。

——选自《返璞归真》

7月29日

称作自己的那个东西

我承认,这意味着去爱那些毫无可爱之处的人。可是,你自己难道有什么可爱之处吗?你爱自己,只是因为它是你自己。上帝希望我们以同样的方式、出于同样的原因去爱所有的自己,他以我们自己为例,为的就是让我们看到如何能够做到这一点。我们必须接着做下去,将这一准则应用于所有其他的自己。如果我们记得他就是这样爱我们的,做起来可能会容易一些。他爱我们不是因为我们有什么美好的、迷人的品质(像我们自己认为的那样),只是因为我们是那些名为自己的东西。像我们这样沉湎于仇恨之中，放弃仇恨如同戒烟戒酒一样困难的造物，的确没有什么其他可爱之处。

——选自《返璞归真》

7 月 30 日

这份可怕的责任

[基督徒的美德中有一项最不受欢迎的美德]，它在基督教"应当爱人如己"的准则中规定了下来。因为在基督教的道德中"邻人"包括"敌人"，所以我们就面临着宽恕仇敌这份可怕的责任。人人都说宽恕这个主意不错，可是，真等到有什么需要宽恕的时候（像我们在这场战争中遇到的那样），人们就不再这样说，稍提这个话题就会招来一片怒吼。这不是因为人们视宽恕这种美德为太高尚、太难实行，而是因为人们视之为可恶可鄙，他们说："说那种话让人恶心。"我想，现在你们当中已经有一半人想问我："如果你是波兰人或犹太人，我想知道你怎么看待宽恕盖世太保这个问题？"

我也想知道，很想知道，就像当基督教告诉我哪怕刀架在脖子上我也绝不可以否定自己的宗教时，我很想知道真的出现这种情况时我会怎么做一样。我在这本书中不是要告诉你我能做什么，我能做的很少，我在告诉你基督教是什么。这不是我的杜撰，在那里，在基督教的核心部分，我发现了"免我们的债，如同我们免了人的债。"这句话丝毫没有暗示，我们是在其他条件下得到宽恕的。

——选自《返璞归真》

7 月 31 日

从小事开始

很显然，我们若不宽恕别人，自己也得不到宽恕，在此没有两条路可行。我们该怎么办？

不管怎么说，宽恕都是很难的，但是我想，我们可以做两件事来减轻它的难度。我们学数学不是从微积分开始，而是从简单的加法开始。同样，如果我们真想要（一切都取决于是否真想要）学习怎样宽恕别人，也许我们最好从比宽恕盖世太保容易的事情开始。你可以从自己的丈夫、妻子、父母、儿女、身边的军士开始，宽恕他们上周做的某件事、说的某句话，这很可能就够我们忙一阵子的了。然后，我们再去试着明白爱人如已的真正含义：我必须像爱自己一样去爱他。

——选自《返璞归真》

八 月

8月1日

悲伤与思考悲伤

路易斯哀悼妻子乔伊的去世：

我写的这些简短的日记反映了我现在的心理状态不正常吗？我曾经读过这样一句话："我因为牙痛彻夜未眠，但另外一个原因是我一直在想自己的牙痛、自己的不眠。"实际生活就是这样。可以这么说，每一桩痛苦中都有一部分是痛苦的影子或反映。事实上，你不仅痛苦，还得不断地想着自己痛苦这一事实。我不仅在悲伤中度过每一个漫长的日子，而且每天都在想着自己每天在悲伤中度日。

——选自《卿卿如晤》

最新的记忆突然袭来

路易斯哀悼妻子乔伊的去世:

从来没有人告诉过我悲伤与害怕如此地相像。我不害怕,但那种感觉就像害怕:胃里面同样翻腾,同样焦躁不安,打呵欠,不停地咽唾沫。

而在另外一些时候,那种感觉又像是微醉,或是受到了强烈的震动。一种无形的屏障隔在世界与我之间,我发现任何人说的话我都很难领会,也许是很难想去领会,那些话是如此地无聊乏味。但我想要别人在我身边,我害怕屋子里空荡荡的时刻,他们若只是彼此说话,不和我说话多好。

有一些突如其来的时刻,心中某个东西竭力安慰我:我实际上根本不是如此地在意,不是太在意。爱不是一个人生命的全部,我在遇见 H.之前很快乐,我现在也有很多所谓的"消遣"。这些事情别人都可以熬过去,来吧,我也不会做得太差。人羞于听见这个声音,但有那么一阵,这声音似乎给出了一个很好的理由。紧接着,一阵清晰的记忆突然袭来,所有这一切"常识"都像炉口的蚂蚁一般消失得无影无踪。

——选自《卿卿如晤》

独入孤境

路易斯哀悼妻子乔伊的去世：

"一体"是有限度的，你不可能真正地分担别人的软弱、恐惧或痛苦。你可能感觉不好，也许想象着与对方的感觉一样不好（但若有谁真的声称自己的感觉与对方一样不好，我不会相信他），但二者之间仍有很大的差别。当我谈到恐惧时，我指的是纯粹动物性的恐惧，有机体从自己面临的毁灭面前的那种退缩，那种令人窒息的感觉，被捕的老鼠的那种感受。这种恐惧是无法转移的。思想上可以有同感，身体上的同感却要少。从一个角度说，相爱的人在身体上最没有同感，因为他们整个的相爱历程已经将他们培养成彼此之间只有互补的、相关的、甚至相反的情感，而不是相同的情感。

我们俩都认识到了这点。我有我的痛苦，没有她的痛苦；她有她的痛苦，没有我的痛苦。她的痛苦的结束将是我的痛苦的成熟，我们开始踏上不同的征程。这个冷酷的事实，这条可怕的交通规则（女士，您右边请；先生，您左边请）正是分离的开始，这分离就是死亡本身。

我想，这种分离等待着所有人。我一直认为自己和 H. 被活生生地分开特别地不幸，但所有相爱的人可能都如此。她曾经对我说："即便我们俩在同一刻死去，像现在我们肩并肩地躺在这里这样,那和你现在如此害怕的分离一样,同样是分离。"当然,她当时知道的并不比我现在知道的多,但当时她已临近去世,死神近在咫尺。她以前常常引用"独入孤境"这句话,她说死亡的感觉就是如此。死亡绝对不可能是另一番感觉! 将我们带到一起的正是时间、空间和身体。我们通过电话线相互交流,剪断一根线,或同时剪断两根线,不管怎样,交谈必须结束,不是吗?

——选自《卿卿如晤》

8月4日

哀悼

路易斯哀悼妻子乔伊的去世:

我应该多想想 H.,少想想自己。

对,听起来很不错,但有一个潜在的困难。我几乎一直在想她,想到 H.在世时实际发生的一些事情——她本人的话语、表情、笑声和动作,然而选择和组合这些东西的却是我自己的头脑。她去世后不到一个月,我已经能感觉到有一个过程在慢慢地、暗暗地开始,它要把我心里所想的 H.越来越变成一个想象中的女人。毫无疑问,这种想象是以事实为基础,我不会加入任何虚构的东西(或者说,我希望我不会)。然而对 H.的这种印象难道不是必然会越来越具有我自己的色彩吗？现实已经不在那里，不能来制止我，让我突然停下。真正的 H.过去常常出其不意地这样做，她完全是她自己，而不是我。

婚姻赐予我的最宝贵的礼物就是这种不断的冲击，它来自某个非常亲密熟悉的东西，而这个东西自始至终都明确地是一位他者，是反抗性的，简言之，是真实的。所有这一切工作都要终止吗？我仍然称作 H.的那一切都要沉回去，与我过去单身时的幻想无甚差异吗？这太可怕了！噢，亲爱的，亲爱的，再回来片刻，把那个可悲的幻象赶走。噢，上帝，上帝，如果这个造物注定要爬回——被吸回——到壳中去，你为何要费如此大的气力把它从壳中赶出来？

——选自《卿卿如晤》

8月5日

我会希望她回来吗？

路易斯哀悼妻子乔伊的去世：

我对自己的痛苦考虑得那么多，而对她的痛苦考虑得那么少，我是个什么样的爱人？甚至那声疯狂的呼唤——"回来"也完全是为了我自己。我甚至从未想过这个问题：倘若可能,这样的回来对她是否有益。我要她回来作为我的往日重现的一部分,还有什么希望比这对她更糟糕吗?在她经历了一次死亡之后让她回来,将来又让她整个的死亡过程再重演一遍?人们称司提反①为第一位殉道者,拉撒路②的遭遇岂不是更不公?

——选自《卿卿如晤》

8月6日

珍爱我们的不幸

路易斯哀悼妻子乔伊的去世:

然而不可否认,在某种意义上说我"感觉好些了"。随之而来就会立即产生一种羞愧感,觉得人有一种责任,要珍爱、激起、延长自己的不幸……隐藏在这背后的是什么?

毫无疑问,有一部分是虚荣心。我们想要证明自己是高层次的爱人,是悲剧英雄,而不仅仅是丧亲大军中顽强地行进、尽可能变不幸为幸运的普通士兵。但是还有别的解释。

我认为还存在一种混淆。我们实际上并不想让最初

---

① 参见《使徒行传》7章,司提反因坚持对基督信仰,被众人用石头打死。
② 《约翰福音》11章记载了耶稣将拉撒路从坟墓中复活。

痛苦中的那份悲伤延续，没有人能够这样。我们想要别的东西，悲伤是这种东西常见的症状，我们因此将症状与事物本身混淆起来。我前几天晚上写到丧亲不是婚爱的截短，而是像蜜月一样，是婚爱的一个正常阶段。我们需要的是同样幸福、忠实地经历婚姻的这个阶段。假如这个阶段让我们伤心（肯定会让我们伤心），我们就把痛苦当作这一阶段中必不可少的一部分来接受，我们不想以遗弃或离婚为代价来逃避痛苦。让已死去的再死一次。我们曾经是一体，既然这个一体已经被截成两段，我们就不要假装它还是个整体，是完整的。我们仍然在婚姻当中，仍然相爱，因而仍然会痛苦。

——选自《卿卿如晤》

8月7日

神圣的旨意

基督教的婚姻观建立在基督的教导之上，基督说丈夫和妻子应该被视为一个单一的有机体（这就是"一体"这个词在现代英语中的意思）。基督徒相信，当基督这样说时，他不是在表达一种观点，而是在陈述一个事实，正如一个人说锁和钥匙是一个装置，小提琴和琴弦是一种乐器时，他是在陈述事实一样。人这台机器的发明者①告诉我们，它的两半——男人和女人——生来就是要成对地结合在一起，这种结合不只是性方面的，而是整体的。婚姻之外的性关系之所以可恶，是因为那些沉溺其中的人试图将一种结合（性方面的）与其他方面的结合分离开来（这些结合原本应该和性结合在一起，共同构成一个整体）。基督教的婚姻观并不是说性快乐有什么错，正如饮食上的快乐没有什么错一样。基督教的意思是，你不应该将这种快乐孤立起来，只想得到这种快乐本身，正如你不应该只想得到品尝的快乐，却不想吞咽、消化，嚼一嚼就把食物吐掉一样。

——选自《返璞归真》

8月8日

“地狱”的拙劣模仿

私酷鬼揭示了“地狱”对人类婚姻所怀的企图：

“敌人”对人类的要求呈现了一个困境：要么彻底的禁欲，要么彻底的一夫一妻制。自从我们的父亲第一次取得重大的胜利以后，②我们就使得他们很难做到前者；后者，作为一条

---

① 指上帝。
② 指蛇引诱亚当、夏娃吃“分别善恶树”上的果子。

退路,我们在过去的几个世纪中一直在堵塞。我们通过诗人和小说家来做这件事,他们让人类相信,一段奇怪的、往往是短暂的经历(他们称之为"恋爱")是婚姻唯一高尚的基础。婚姻能够——而且也应该——使这份激动持久,不能做到这一点的婚姻就不再具有约束力。这是我们对"敌人"的观点的模仿。"地狱"的全部哲学建立在承认这样一个原则之上,那就是,此物非彼物,特别是此我非彼我。我的好处是我的好处,你的好处是你的好处,此之所得乃彼之所失。甚至连无生命的物体也是通过将一切其他物体从它所占据的地盘上清除出去才能成为其所是,它想扩展就需将其他物体推至一边,或同化它们。自我的做法也是如此。对动物来说,同化采取的是吞食的方式,对人类来说,同化意味着将弱的自我的意志和自由吸吮进强的自我之中,"生存"意味着"竞争"。

——选自《魔鬼家书》

8月9日

一体

私酷鬼解构婚姻的历史:

可笑的就在这里。敌人将夫妇描述为"一体",他没有说"一对幸福的夫妇",或者说"因相爱而结婚的夫妇"。但你可以让人类忽略这一点。你也可以让他们忘记他们称为保罗的那个人没有将一体局限于已婚夫妇，在保罗看来，只要性交就成为一体。这样，你就可以让人类把实际上是对性关系的重要性的平白描述，当作是对"相爱"夸张性的颂辞来接受。事实上，不管一个男人和女人在何处同寝，不管他们是否愿意，在那里两人之间就建立起一种超自然的关系，两人应该永远地享受或者永远地忍受这种关系。这种超自然的关系原本是要产生亲情和家庭的，如果两人顺服地进入这种关系之中，它也往往确实会产生亲情和家庭。从这句正确的陈述中你可以让人类推断出一个错误的信念，那就是，亲情、恐惧和欲望的混和物（他们称之为"相爱"）是唯一使婚姻幸福或神圣的东西。这种错误很容易产生，因为在西欧"相爱"常常先于婚姻，正如宗教情感往往（但不总是）伴随着归信一样。婚姻是按照"敌人"的计划设立的，也就是说，是带有忠诚、生育和良好的愿望这一目的的。

——选自《魔鬼家书》

8 月 10 日

我向你承诺

　　"相爱"是婚姻持续的唯一理由，这种观点其实没有给婚姻作为契约或承诺留下任何余地。倘若爱是一切，承诺便不能增添什么，承诺若不能增添什么，便不应该去承诺。奇怪的是，当相爱的人真的继续相爱时，他们自己比那些谈论爱的人更清楚这点。正如切斯特顿（二十世纪英国作家、护教学家——译注）指出的，相爱的人有一种自然而然的倾向，要用承诺来约束自己。全世界的爱情歌曲都充满着永远坚贞的誓言。基督教的律法不是要在爱这种情感之上强加某种异于这种情感自身本质的东西，它要求相爱的人严肃地看待这种情感本身推动他们去做的事。

当然，我在爱对方时因爱而许下的"只要活着就对他忠贞"的诺言，在我即使不再爱他时也对我仍然具有同样的约束力，要求我对他忠贞。承诺一定与人能够做到的事、与行动有关，没有人能够承诺继续保持某种感觉。倘若如此，他还可以承诺永远不头痛、永远感觉饥饿。

——选自《返璞归真》

8 月 11 日

坠入爱河

我们所谓的"相爱"是一种令人愉悦的状态，从几个方面来看还对我们有益。它帮助我们变得慷慨、勇敢，开阔我们的眼界，让我们不仅看到所爱之人的美，还看到一切的美。它（尤其是一开始）让我们纯动物性的欲望退居次要地位，从这种意义上说，爱是色欲的伟大的征服者。任何一个有理性的人都不会否认，相爱远胜于通常的耽于声色或冷酷的自我中心。但是如前所说，"人所能做的最危险的事就是从自己的本性中任意选择一种冲动，将它作为自己应该不惜一切代价去服从的东西。"相爱是好事，但不是最好的事，有很多事不及它，但也有很多事高于它，你不能把它当作整个人生的基础。相爱是一种崇高的感情，但是它终归是感情，没有一种感情我们可以期望它永远保持在炽烈的状态，我们甚至无法期望它保持下去。知识可以永存，原则可以继续，习惯可以保持，但是感情转瞬即逝。实际上，无论人们说什么，所谓"相爱"的那种状态往往不会持续。

——选自《返璞归真》

8 月 12 日

相爱

如果我们把"他们从此幸福地生活在一起"这个古老的童话故事的结尾理解为"在随后的五十年里他们的感觉和结婚前一日完全一样"，那么，这个结尾讲述的可能是一件从未真实，也永远不会真实，倘若真实便令人非常讨厌的事。哪怕只在那种激情中生活五年，也没有谁能够忍受。你的工作、食欲、睡眠、友谊会变成怎样？当然，"不再相爱"未必意味着不爱。第二种意义上的爱，即有别于"相爱"的爱，不只是一种情感，还是一种深层的合一。它靠意志来维持，靠习惯来有意识地增强，(在基督徒的婚姻中)还靠双方从上帝那里祈求获得的恩典来巩固。即使在彼此不喜欢对方时，他们也能够保持对对方的这种爱，就像你即使不喜欢自己仍然爱自己一样。即使在双方(如果他们允许自己的话)都很容易爱上别人时，他们也仍然能够保持这种爱。"相爱"首先促使他们承诺忠贞，而这种默默的爱则促使他们信守诺言。婚姻的发动机靠这种爱来运转，而相爱则是启动这台发动机的火花。

——选自《返璞归真》

8 月 13 日

浪漫小说

人们从书本上得到这样一种印象，那就是，如果找到了合适的人结婚，他们就可以期望永远"相爱"下去。结果，当他们发现自己不再"相爱"时，他们就认为这证明自己找错了对象，因而有权利更换伴侣。他们没有意识到，更换伴侣之后，新的爱情就像往日的爱情一样会立刻失去魅力。生活的这一领域与一切其他领域一样，开始时会有一些激动，但是这些激动不会持久。小男孩第一次想到飞行时很激动，等到加入英国皇家空军，真正学习飞行时就不再有这份激动；你第一次看到某个可爱的地方时很激动，当你真正住到那里时，那份激动就会消逝。

我们从小说和戏剧中得到的另一个印象是："坠入爱河"完全是一件无法抗拒的事，如同麻疹，恰好发生在一个人身上。因为相信这点，一些已婚之人在发现自己被新相识吸引时，就自甘坠入情网。但是我倾向于认为，在现实生活中，至少在一个人成年之后，这些无法抗拒的激情要比书本中描述的罕见得多。当我们遇到一个聪明、美丽、可爱的人时，在某种意义上说，我们应该欣赏喜爱他身上这些美好的品质，但是，这种爱是否应该转变成我们所谓的"相爱"，难道在很大程度上不是取决于我们自己吗？毫无疑问，如果头脑中充满了小说、戏剧、感伤的歌曲，身体内充满了酒精，我们会把感受到的任何一种爱都转变成恋爱，就像路上有一条车辙，所有的雨水都会流进去，戴着蓝色眼镜，见到的一切都会变成蓝色一样。但那是我们自己的错。

——选自《返璞归真》

先相爱后结婚，还是先结婚后相爱？

私酷鬼详述了"地狱"编造的有关婚姻的谎言：

换句话说，"敌人"应许为婚姻之结果的东西，我们应当把它高度地伪装、扭曲，鼓励人类把它当作婚姻之基础。随之而来就会有两点好处。首先，我们可以阻止那些没有节欲天赋的人去婚姻中寻求出路，因为他们发现自己没有"相爱"，而抱着任何其他目的去结婚这一想法在他们看来卑鄙、玩世不恭。这应归功于我们，的确，他们就是这么想的。对伴侣忠诚为的是相互帮助、保持贞洁、传递生命，这一目的在他们看来都比不上情感的激动。（别忘了，要让你控制的那个人觉得婚姻仪式很讨厌。）其次，不管一个人在性方面犯了怎样的糊涂，只要他有意将它发展为婚姻，人类就会认为它是"爱"，将会用"爱"来免除一个男人的一切罪责，使他不承担与一个异教徒、傻瓜或荡妇结婚的一切后果。

——选自《魔鬼家书》

那种爱可以找到一个立足点

私酷鬼责骂爱的不可能性：

他["敌人"]的目标是个矛盾。事物应该是多,但在某种程度上又应该是一,对一个自我有益的事也应该对另一个自我有益,他称这种不可能的事为爱。我们在他所做的一切,甚至在他所是或宣称他所是的一切中,都可以发现同样这副单一乏味、包治百病的灵丹妙药。因此,甚至他自己也不满足于只是单纯的算术意义上的一,为了让有关爱的无稽之谈在他自己的本质中找到一个立足点,他宣称自己既是一又是三。①另一方面,他又引进了有机体这一可恶的发明,使有机体的各部分一反常性,摆脱了天生的相互竞争的命运而相互合作。

他将性确定为人类繁衍的手段,其真正目的从他对性的利用上就可以看得非常清楚。在我们看来,性原本是件很单纯的事,可能仅仅是一个强的自我捕食弱的自我的又一种方式,实际上正如蜘蛛之间一样,雌蜘蛛以吞食雄蜘蛛来结束自己的婚礼。但在人类当中,"敌人"却无缘无故地将双方的亲情与性欲望联系到一起。他还使儿女依赖父母,又给父母以扶养儿女的本能,这样就产生了家庭。家庭就像有机体,只是比有机体更加糟糕,因为其成员更加独特,然而却以一种更加自觉、更加尽责的方式结合在一起。实际上,这一切最终证明不过是想要把爱扯进来的又一手段。

——选自《魔鬼家书》

---

① 基督教的上帝是三位一体的上帝,只存在一个上帝,上帝有三个位格:圣父、圣子、圣灵。

最小的一桩罪

若有人认为基督徒视不贞洁为最大的罪,他就彻底地错了。肉体所犯的罪是严重,但是这种严重性在一切罪中是最轻的。一切最有害的快乐都是纯精神性的:以冤枉别人为乐,以使唤、庇护、溺爱讨人喜欢的人为乐,以说别人坏话、玩弄权术为乐,以仇视别人为乐。我必须努力做一个有人性的自我,可是我里面有两个东西在与这个自我相争,一个是动物的自我,一个是魔鬼的自我,魔鬼的自我更坏。一个常上教堂、冷漠、自以为是的伪君子离地狱可能远比一个妓女要近,原因即在此。当然,二者都不是更好。

——选自《返璞归真》

8 月 17 日

扭曲的欲望

贞洁是基督教美德中最不受欢迎的美德,无人能够回避。基督教规定:“要么结婚,对伴侣绝对忠贞,要么彻底的节欲。”做到这一点是如此之难,它与我们的本能如此地相反,显然,不是基督教错了,便是我们目前状态下的性本能出了问题,非此即彼。当然，作为一名基督徒，我认为我们的性本能出了问题。

我之所以这样认为还有其他原因。性从生物学的角度来说是为了生育，正如吃饭从生物学的角度来说是为了恢复体力一样。假如我们想吃的时候就吃，想吃多少就吃多少，大多数人肯定会吃得太多，但是不会多得可怕。一个人可能会吃下两个人的食物，但是不会吃下十个人的食物。食欲会稍微地超出生物学上的需要，但是不会超出太多。但是，如果一个健康的年轻人放纵自己的性欲，什么时候有性欲望都予以满足，那么，假定他每次都生一个孩子，十年内他就可能轻而易举就生出一个小村庄的人口，这种欲望大大超出了其生理功能，到了荒谬反常的地步。

我们可以换一种方式来看这个问题。你可能会召集到一大群人来看脱衣舞，即看一个女孩子在舞台上作脱衣表演。现在，假定你来到一个国家，在这里你只要拿一个盖着的盘子走上舞台，慢慢揭开盖子，在灯光熄灭前的一刹那让每个人看到盘子里装着一块羊排或一点熏肉，就可以吸引满满一剧院人，你不觉得那个国家的人食欲出了问题吗？同样，我们的性本能所处的状态对于任何一位在另外一种环境中长大的人来说不也是很奇怪吗？

——选自《返璞归真》

8月18日

我们不渴望贞洁的一个原因

我们已经扭曲的本性、引诱我们的魔鬼、现代对情欲的种种宣传结合在一起，让我们觉得自己正在抗拒的欲望非常"自然"、"健康"、合情合理，抗拒这些欲望简直就是违反常理、不正常。一张又一张的广告画、一部又一部的电影、一本又一本的小说把纵欲与健康、正常、青春、坦率、风趣等联系在一起。这种联系是一个谎言，像一切有影响力的谎言一样，它也是以真理为基础。这个真理（正如前面所认可的）就是：性本身（如果不过度，不发展到痴迷）是"正常的"、"健康的"。这种联系之所以是谎言原因在于，它暗示你现在受到诱惑发生的一切性行为都是正常的、健康的。这不仅与基督教截然不同，从任何一种观点来看绝对都是胡说八道。向一切欲望妥协显然只会带来性无能、疾病、嫉妒、谎言、隐瞒，以及一切与健康、风趣、坦率相反的东西。

——选自《返璞归真》

8月19日

我们不渴望贞洁的另外一个原因

很多人不努力追求基督教要求的贞洁，是因为（在此之前)他们就认定那是不可能的。可是当人必须去做一件事时，他不应该考虑可能还是不可能。考试时遇到选答题，你可以考虑能答不能答，但是遇到必答题，你就必须竭尽全力把它答好。极不满意的答案也可能让你得几分，但是不答肯定一分不得。不但在考试中，在打仗、登山、学滑冰、学游泳、学骑自行车，甚至用冻僵的手指系硬梆梆的衣领这些事情上，人们也都常常做一些事先认为似乎不可能的事。迫不得已时竟然干出一点成就是最好不过了。

我们可以肯定地说，完美的贞洁就像完美的爱一样，单靠人的努力无法达到。你必须寻求上帝的帮助，甚至在你寻求之后，有很长一段时间你也可能觉得上帝没有给你帮助，或者给你的帮助不够。没有关系。每次失败之后都去祈求上帝的宽恕，振作起来，重新尝试。上帝一开始帮助我们获得的往往不是美德本身，而是这种不断去尝试的力量。这个过程是在培养我们灵魂的习惯，因为无论贞洁（勇气、诚实或其他美德）多么重要，它都不及这些习惯重要。这个过程打破了我们对自己的幻想，教导我们要依靠上帝。一方面，我们认识到，即使在我们最完美的时候，我们也无法依靠自己；另一方面，即使在最不完美的时候，我们也不必绝望，因为我们的失败得到了宽恕。唯一致命的是一切事情都满足于不完美，不再继续努力。

——选自《返璞归真》

8月20日

我们不渴望贞洁的最后一个原因

人们常常误会心理学所说的"压抑"。心理学告诉我们性"受到压抑"是很危险的。但是这里的"受压抑"是一个专业术语，这种"受抑制"不是指"被拒绝"、"被抵制"。一种欲望、念头受压抑是指这种欲望、念头已经（往往在极年幼的时期）被推进了潜意识，现在只能以伪装、无法辩认的形式出现在脑海里。对病人而言，受压抑的性欲根本不表现为性欲。当一个少年人或成年人抵制一种有意识的欲望时，他对付的不是压抑，也毫无产生压抑的危险。相反，努力去保持贞洁的人比别人更明显意识到自己的性欲，对它的了解很快也会多得多。他们逐渐了解自己的欲望，就像威灵顿了解拿破仑、侦探福尔摩斯了解莫里亚蒂、捕鼠人了解老鼠、水暖工了解漏水的水管一样。美德，即便只是试图获得的美德也会带来光明，而放纵只会带来迷茫。

——选自《返璞归真》

8月21日

贪图精美的饮食

私酷鬼证明了贪食的价值：

你上封信在谈到将贪食作为猎取灵魂的手段时表现出一副鄙夷的口吻,这显示了你的无知。过去几百年所取得的伟大成就之一就是使人类在贪食这个问题上良心麻木,以至于到现在,你在整个欧洲几乎找不到一篇有关这个问题的讲道,也看不到一个良心为此不安。这一成就的取得,在很大程度上应归功于我们将一切的努力都集中在贪图精美的饮食而非过量的饮食上。你的病人的母亲,据我从她的档案所知(你可能也已经从格拉伯斯那儿得知了),就是一个很好的例子。她若知道自己整个一生都受到这种感官享受的辖制,她会(我希望有一天她真的会)大吃一惊,因为她贪图的数量很小,这种辖制对她而言是隐而不见的。可是,我们若能够利用一个人的口腹制造抱怨、焦躁、无情和自私,数量多少又有什么关系?

——选自《魔鬼家书》

8 月 22 日

贪食者掠影:假装害羞的浅浅微笑

私酷鬼逼真地描绘了贪食:

格拉伯斯牢牢地控制住了这位老妇人。对主妇和佣人们来说,她绝对是个令人讨厌的人。她总是不满意已经给她端上来的饮食,假装害羞地轻叹一声,笑着说:"噢,请不要,请不要……我只想要一杯茶，一杯淡茶，但不要太淡，再加上一点点很小很小烤脆的面包。"看到了吗？因为她想要的东西比已经摆在她面前的东西要少，花费要少，所以她从不认为执意要得到自己想要的东西(不管这会给别人增添多大的麻烦)是贪食。在放纵自己食欲的那一刻，她还认定自己是在操行节制。在挤满顾客的餐馆里，劳累过度的女服务员在她面前摆上盘子，她会轻轻地尖叫一声，说："噢，这实在是太多太多了！拿走吧，只给我端上四分之一来。"若遭到反对，她会说她这样做是为了避免浪费。实际上，她这样做是因为看到端来的食物超过了她恰巧想要的那分量，不符合特定的精美度，而我们已经使她受制于那种精美度。

——选自《魔鬼家书》

8 月 23 日

贪食者掠影："我只想要……"

私酷鬼继续逼真地描绘贪食：

如今老妇人的胃口控制着她整个的生活方式，由此我们可以评估格拉伯斯多年来在她身上悄悄进行的那项不起眼的工作的真正价值。老妇人现在处于一种可称作"我只想要"的精神状态。她只想要一杯沏得恰到好处的茶，或是一只煎得恰到好处的鸡蛋，一片烤得恰到好处的面包。但她从未找到一位能把这些简单的事情做得恰到好处的佣人或朋友，因为她所谓的"恰到好处"隐藏了一种无法满足的需要。在她的想象中，自己过去曾享受过口感上的快乐，她要求得到与记忆中完全一样的快乐，但这几乎不可能，她将那个过去描述为"你能找到好佣人的时代"。我们知道，在那个时代她各样的感官都较容易得到满足，她还有其他的快乐使她不那么依赖餐桌上的快乐。与此同时，每天的失望也导致了她每天脾气很坏：厨师通知她要离职，友谊也淡漠了。假如"敌人"让她的头脑中产生一丝的怀疑：自己是不是过于在意食物？格拉伯斯就会打消她的怀疑，使她产生这样的想法，那就是，她不在意自己吃什么，但是确实希望儿子吃的东西都弄得好好的。当然，她对精美的贪求实际上一直是儿子多年来在家里感到不自在的主要原因之一。

——选自《魔鬼家书》

8 月 24 日

在行

私酷鬼对贪食增添了一丝新看法：

你的"病人"是她母亲的儿子，当你在其他阵线奋力拼搏时(这种拼搏是完全正义的),千万不要忽视了在贪食方面悄悄的渗透。他既是男人,我们就不大可能用"我只想要"这种隐匿的手段使他上当,男人的虚荣心最容易把他们变成贪食者。我们应该使他们觉得自己对食物很在行,使他们以发现了镇上唯一一家牛排做得确实"恰到好处"的餐馆而自豪,这样,起初是虚荣心的东西逐渐就会变成习惯。但是,不管你以何种方式处理这件事,最重要的是要将他引入这样一种状态,那就是,拒绝任何一种放纵——无论是香槟酒还是茶,鱼还是香烟——都会使他不安。因为,达到这种状态以后,他的博爱、正义和顺服都任凭你摆布了。

——选自《魔鬼家书》

8月25日

致命的烦恼

私酷鬼对利用日常的烦恼诱骗"病人"提出了进一步的建议:

毫无疑问,要想阻止他为母亲祷告是不可能的,但我们有办法使他的祷告不关痛痒。要确保他的祷告永远非常"属灵",让他永远只关心他母亲的灵魂状况,却从不关心她的风湿病。这样会带来两点好处。第一,他的注意力会只集中在他认为是母亲的罪上。你只要稍加引诱,就可以让他把母亲一切于己不便、令自己恼火的行为都看成是罪。这样，即使在他屈膝祷告的时候，你也可以不断增加他的怨恨。这项工作一点也不难，你会发现这非常有趣。第二，由于他对母亲的灵魂认识很肤浅，而且常常错误，所以，在某种程度上他是在为一个想象中的人祷告。你的任务就是使那位想象中的人离他真实生活中的母亲——那位坐在早餐桌旁言语尖刻的老妇人——越来越远。二者的分离最终会如此之大，以至他为那位想象中的母亲祷告时产生的所有想法或感情都不会影响他对真实生活中的母亲的态度。我已经将我的病人牢牢控制在手心，他们一分钟前还在为妻子、儿子的"灵魂"热切地祷告，转眼间就殴打、辱骂真实生活中的妻子、儿子，一点也不觉得内疚。

——选自《魔鬼家书》

8 月 26 日

在同一屋檐下

私酷鬼对利用日常的烦恼诱骗"病人"提出了进一步的建议：

两个人在一起生活了很多年以后，往往会出现这种情况：一个人的某些语调和表情对另一个人来说几乎无法容忍，总会令他恼怒。你要继续在这方面下功夫。你的"病人"在托儿所时就学会了不喜欢他母亲那种特定的扬眉姿势，让他充分意识到这点，让他去想自己对此是多么地讨厌，让他想当然地以为，她知道自己的扬眉姿势很讨厌，但还是故意那样做。如果你精于此道，他就不会察觉到这种想当然决不可能。当然，千万不要让他怀疑自己也有同样令她讨厌的语调和神情。因为他看不见或听不见自己，所以这点很容易办到。

——选自《魔鬼家书》

8 月 27 日

"我不过说了……"

私酷鬼对利用日常的烦恼使"病人"生气提出了最后一点建议：

在文明生活中，家庭的仇恨往往通过说一些话表现出来。这些话如果写到纸上，并不显得有多大的伤害（所用的词并不令人反感），但因采取的声音或所在的场合，它们就差点招来迎面一拳。若想把这个把戏继续下去，你和格拉伯斯就必须确保这两个蠢才都各自持有一种双重的标准。你的"病人"必须要求他说的一切话别人都从其本身的含义去领受，也只根据他实际使用的词语来评定。与此同时，在理解他母亲说的一切话时，他又对她的语调、说话的情境、她可能怀有的意图作彻底的、过度敏感的解释。你们也必须鼓励她对他采取同样的措施。这样，每次吵架不欢而散之后，他们都深信，或近乎深信，自己完全是无辜的。这种事你很清楚："我只是问她什么时候吃晚饭，她就大发脾气。"一旦牢固地形成了这个习惯，你就会看到这样一个可喜的状况：一个人故意说触怒别人的话，而当别人生气时他又抱怨。

——选自《魔鬼家书》

8月28日

我信罪得赦免

在教堂里（在教堂外也是如此）我们说很多话，但我们对自己所说的不加思考。例如，我们重复《使徒信经》中的"我信罪得赦免"，这句话我说了好几年后才问自己：《使徒信经》中为什么会有这句话？乍一看，这句话似乎不值得放进信经。我以前想："一个人如果是基督徒，他当然相信罪得赦免，这是不言而喻的。"然而，订立信经的人显然认为它是我们信仰的一部分，每次上教堂时我们都需要被提醒这部分内容。我逐渐开始认识到，就我而言，那些人是对的。相信罪得赦免远不像我以前想的那么简单，若非我们不停地增进对它的认识，就很容易失去对它的真正相信。

我们相信上帝赦免我们的罪，也相信我们若不赦免别人对我们犯的罪，上帝也不会赦免我们的罪。这句话的第二部分是勿庸置疑的，表明在主祷文中，我们的主强调了这点：你若不赦免别人，自己就得不到赦免。主的教导中没有比这更明白的了，这点对任何人无一例外。主没有说，如果别人的罪不是太可怕，或是在别人的罪情有可原之类的情况下，我们就赦免他们的罪。不管他们的罪怎样邪恶、怎样卑鄙、怎样频繁地重犯，我们都要赦免这一切的罪。如果我们不赦免他们，我们自己的罪一桩也得不到赦免。

——选自"论赦免"（《荣耀的重负》）

8月29日
赦免与原谅相对

　　我发现，当我以为自己在请求上帝赦免时，我实际上常常（除非我严密地防范自己）在请求他做一件完全不同的事：我不是在请求赦免，而是在请求原谅。但赦免和原谅之间有着天壤之别。赦免说："是的，你做了这事，可是我接受你的道歉，不再记恨你，我们之间一切都将和以前完全一样。"但是，原谅说："我明白这是你无法避免的，或是你并非有意要这样做，你确实不应该受到责备。"一个人如果确实不应该受到责备,他就没有什么需要赦免的,在那个意义上赦免和原谅几乎是对立的。当然,在很多情况下,无论是在上帝和人之间,还是在一个人与另一个人之间,二者都可能相互混合。起初看来似乎是罪的事,结果证明有一部分实际上并非任何人的过错,因而得到原谅,剩下的那一点得到赦免。……但问题是,我们所谓的"请求上帝赦免",实际上往往是请求上帝接受我们的理由。导致我们犯这个错误的是这样一个事实:有些理由,有些"情有可原的情况"往往存在。我们急于要把这些向上帝(也向我们自己)指出来,结果往往把真正重要的事情忘掉。那就是剩下的那一点,理由所不能涵盖的那一点,那一点是不可原谅的,然而感谢上帝,那一点不是不可赦免的。若是忘记这点,我们就会一走了之,以为自己已经悔改,已经得到了赦免。而实际上我们不过是用自己的理由说服了自己而已,那些理由可能非常蹩脚。我们都太容易对自己感到满意了。

——选自"论赦免"(《荣耀的重负》)

8月30日

对理由的两种补救

对这种危险有两种补救方法。一是记住,上帝对一切真正理由的了解比我们要清楚得多，如果有确实"情有可原的情况"，不用担心上帝会忽略它们。很多我们从未想到的理由，上帝往往必定知道，因此，谦卑的人在死后会惊喜地发现，自己在某些时候犯的罪比原先想象的要少得多。一切真正的理由上帝都会原谅，我们需要带到上帝面前的是那点不可原谅的部分，即，罪。谈论所有那些（我们认为）可以得到原谅的部分都只是在浪费时间。看病时你给医生看身体出了毛病的部位，比如说，骨折的胳膊，不停地解释说自己的腿、眼睛、喉咙都很好只是在浪费时间。尽管你的想法可能有错，但不管怎么样，这些部位若果真很好，医生会知道的。

第二种补救的方法是真真实实地相信罪得赦免。我们急于编造理由，这在很大程度上是因为我们没有真正地相信罪得赦免。我们认为，除非能够进行对我们有利的论辩，说服上帝，否则上帝不会重新接受我们。而那根本不可能是赦免。真正的赦免意味着直视罪，直视除去了一切藉口、排除了一切允许之后剩下的罪，看到它一切可怕、肮脏、卑鄙、恶毒的方面，但仍然与犯罪的人彻底地和好。这，也唯有这，才是赦免，我们若向上帝祈求就永远能够得到赦免。

——选自"论赦免"《荣耀的重负》

当我们赦免别人时

　　论到我们对别人的赦免,情况有相同也有不同之处。相同是因为赦免在此也不意味着原谅。很多人似乎认为赦免就是原谅,他们认为,如果你请求他们赦免某个欺骗或欺侮过他们的人,你就是在试图证明那人实际上并不曾欺骗或欺侮过他们。然而,情况若是如此,那就没有什么需要赦免的。他们不断地说:"可是我告诉你,那人违背了一个非常郑重的诺言。"一点没错,那正是你必须赦免的(这并不意味着你非得相信他下一个谎言,但这确实意味着你必须尽一切努力,将自己心中的每一点怨恨——每一点想要羞辱他、伤害他或是报复他的愿望都清除出去)。这种情况与你眼下所处的祈求上帝赦免的情况,区别即在于:在我们自己祈求赦免时,我们太容易接受藉口,而在赦免别人时,接受藉口却不太容易。

　　　　　　　　　　　　——选自"论赦免"(《荣耀的重负》)

九 月

无一例外

关于我自己的罪,说其藉口实际上不如我想象的好,是一种比较保险的说法(虽然不是绝对肯定的说法);对别人向我犯的罪,说其藉口比我想象的要好,是一种比较保险的说法(虽然不是绝对肯定的说法)。因此,一个人应当从这点开始:留心每一件事,这件事表明别人不像我们想象的那样应当受到责备。但是,即便他完全应该受到责备,我们仍然必须赦免他;即便他显然的罪责中有百分之九十九可以用确实充分的理由开脱,剩下的百分之一的罪责仍然涉及到赦免的问题。原谅那些确实能够找到充分理由解释的事,不是基督徒的圣爱,只是公平。而做一个基督徒意味着要赦免不可原谅的事,因为上帝已经赦免了你身上不可原谅的事。

这很难。赦免一次严重的伤害也许不那么难,但是,要赦免日常生活中那些不断激怒你的事——不断地赦免霸道的婆婆、欺侮你的丈夫、唠叨的妻子、自私的女儿、欺骗的儿子,我们如何能够做到? 我想,只有靠牢记我们所处的境地,实践我们每晚在祷告中所说的话——"免我们的罪,如同我们免了人的罪",我们才可以做到。我们罪得赦免靠的不是其他条件,拒绝赦免就是拒绝上帝对我们的恩惠。上帝的这句话适用于所有人,无一例外,他说话向来算话。

——选自"论赦免"(《荣耀的重负》)

9月2日

过去、现在和未来

私酷鬼与瘟木鬼策划利用时间作为武器:

当然,我已经注意到人类在欧洲的战争(他们幼稚地称之为"唯一的战争"!)正逢间歇,我一点也不惊讶,"病人"的忧惧相应地也间歇下来。我们是鼓励他这样做呢,还是让他继续担忧? 痛苦的恐惧和愚蠢的自信都是理想的精神状态,在二者中作何选择带来了一些很重要的问题。

人类生活在时间当中,但我们的"敌人"却注定要让他们永恒。我相信,他因此要求他们主要注意两件事:永恒本身,以及他们称为"当下"的那个时间点。因为,在当下,时间与永恒交接。人类对当下的经验(也只有对它的经验),与我们的"敌人"对作为整体的实在之经验相似,只有在当下,他才给他们以自由和现实性。因此,他让他们不断地关注永恒(这意味着关注他),或者当下,要么思考他们与他自己的永远合一或分离,要么听从当下良心的呼唤,背负当下的十字架,接受当下的恩典,为当下的快乐而感恩。

——选自《魔鬼家书》

生活在灾难边缘

战争不会开创什么全新的局面,它只会使人类永远的处境更加恶化,让我们再也无法忽视这一处境。人类的生活一直处在灾难的边缘,人类文化一直不得不生存在某个比它自身要无限重要的东西的阴影之下。假如人类将对知识和美的探索推迟到自己觉得安全的时候,这一探索恐怕永远不会开始。将战争与"正常的生活"进行比较是错误的。生活从来就不正常,甚至那些在我们看来非常安宁的时期(如,十九世纪),若仔细审察,我们也会发现它原来也充满着危机、警报、困难和突发事件。推迟一切纯文化的活动,直等到迫在眉睫的危机得到化解,或等到那些明显的不正义得到伸张,在这方面人类从未缺乏貌似合理的理由。但人类早已决定不理会这些,他们要在当下获得知识和美,不愿意等待那个永远不会到来的恰当时刻。伯里克利的雅典人留给我们的不仅有巴台农神庙,重要的还有葬礼上的演讲。昆虫则选择了一条不同的路线:它们首先寻求物质的幸福和巢穴的安全,可能也得到了自己的奖赏。人类则不同,在围困的城里他们提出数学定理,在死囚的牢房中进行形而上学的辩论,在绞刑架上说笑话,在向魁北克城墙进军时讨论最新的诗歌,在塞莫皮莱隘口[①]镇静地梳理头发。这不是在装模作样,这是我们的本性。

——选自"战时学习"(《荣耀的重负》)

9月4日

虚构的战争和宗教的要求

我想,在成为基督徒之前我没有充分意识到,一个人以前一直在做的事情,归信后大部分他必然仍旧会做。他希望以一种新的态度去做,但事情本身没有改变。在参加第一次世界之前,我理所当然地预计,在某种未知的意义上,我在战壕

---

① 公元前 480 年,六千名希腊人——其中有三百名斯巴达人——在此抗击波斯军队,斯巴达人在作战中全部牺牲。

里的生活全部与战争有关。实际上我发现，离前线越近，大家谈论、考虑盟军的事业及战役的进展就越少。我也很高兴地发现，托尔斯泰在那本迄今为止最伟大的战争著作中记录了同样的事情，《伊利亚特》也以它自己的方式记录了同样的事。无论是归信还是入伍，实际上都不会使我们常人的生活消失。基督徒和士兵仍然是人，不信教的人对宗教生活的看法、平民对服役士兵的看法都是异常奇怪的。无论是归信还是入伍，如果你试图中止你一切的理性和审美活动，你只会成功地以一种劣等的文化生活取代高等的文化生活。实际上，无论是在教堂还是在前线，你不会什么都不读，你不读好书就会读坏书；不继续理性地思考，就会非理性地思考；拒绝审美的满足，就会堕入感官的满足。

因此，宗教的要求与战争的要求有一点相似，那就是，对大多数人而言，二者都不会轻易放弃在信仰宗教和进入战争之前的常人生活，也不会将它轻易地从我们的记录中抹去。

——选自"战时学习"（《荣耀的重负》）

9月5日

战争的要求：归给凯撒

战争不能吸引我们全部的注意力，因为它是一个有限物,所以本质上就不适合占住人类灵魂的全部注意力。为避免误解,在此我必须作几点区分。就人类的事业而言,我相信我们的事业是非常正义的,因此,我认为参加这场战争是一项义务。每项义务都是宗教义务,因此,我们绝对必须履行每项义务。所以,我们可能有义务去救助溺水的人,如果我们住在危险的海滨,我们可能有义务学习救生,以便有人溺水时能随时救助,我们可能有义务为救他牺牲自己的生命。但是,如果一个人全身心投入救生,即,在救生上倾注了自己全部的注意力,以至于不考虑、不谈论任何其他事情,要求停止人类一切其他活动直到每个人都学会了游泳,那么,他就是一位偏癖者。救助溺水的人是一项值得人为之死却不值得人为之活的义务。在我看来,一切政治义务(军事义务也包括在内)似乎都属此类。一个人可能必须为我们的国家而死,但没有任何人必须单单为国家而活。一个人如果毫无保留地服从一个国家、一个政党或一个阶级的世俗要求,他就把万物之中最显然属于上帝的东西——他自己——归给了凯撒。①

——选自"战时学习"(《荣耀的重负》)

---

① 参见《马太福音》22:21,"凯撒的物当归给凯撒;上帝的物当归给上帝。"

宗教的要求：凡事为荣耀上帝而行

宗教不能占据整个生活，也就是说，它无法排除人类一切自然的活动，这是由于一个截然不同的原因。当然，在某种意义上说，宗教应该占据整个生活，在上帝的要求和文化、政治或其他东西的要求之间不存在折衷。上帝的要求是无限的、不可变更的，你可以拒绝，也可以开始努力地满足他的要求，没有中间道路可行。尽管如此，有一点很明确，那就是，基督教不排斥任何普通的人类活动。圣保罗教导人们要适应自己的工作，他甚至认为基督徒可以赴席，而且可以赴不信之人的宴席。我们的主参加了婚宴，施行了神迹，变水为酒。[①] 在他的教会的支持下，在那些最虔诚的时代，学术和艺术繁荣兴旺。解决这个悖论的办法当然是众所周知的，那就是，"你们或吃或喝，无论作什么，都要为荣耀上帝而行。"[②]

若奉献给上帝，我们一切纯自然的活动，甚至最卑微的活动，都是可以接受的；若不奉献给上帝，一切纯自然的活动，甚至最崇高的活动，都是有罪的。基督教不是简单地取代我们的自然生活，代之以一种新的生活。毋宁说，它是一种新的有

---

① 参见《约翰福音》2 章。
② 参见《哥林多前书》10:31。

机体,它利用这些自然材料来达到自己超自然的目的。

——选自"战时学习"(《荣耀的重负》)

9月7日

学习是天职

　　一个人所受的养育、他的天赋和所处的环境通常大致可以作为确定他的天职的指标。假如父母已经把我们送到了牛津,而国家也允许我们留在那里,这就初步证明了至少目前我们最能荣耀上帝的生活就是学习。当然,我说以这种生活来荣耀上帝,并非是指努力使我们理性的探索得出启迪性的结论。倘若如此,那就如培根所说,是向真理的创造者献上了不洁净的谎言的祭。我指的是对知识和美的追求,这种追求是为了知识和美本身,但并不排除也是为了上帝。对这些事物的爱好存在于人的思想中,上帝不会白白地创造一种爱好。因此,我们可以追求知识本身、美本身,同时坚定地相信,我们这样做是在向得见上帝这一目标趋近,或是间接帮助他人向得见上帝这一目标趋近。与爱好一样,谦卑也激励我们单单专注于知识或美,而不去过多考虑它们与得见上帝之间的终极关连。这种关连也许原本不是为我们,而是为那些比我们更好的人准备的。我们在盲目、谦卑地顺服自己的天职中发掘出来的东西,这些后来者们发现了其属灵价值……理性生活不是通往上帝的唯一之路,也不是最稳妥的一条道路。然而,我们发现它是一条道路,可能就是上帝指定给我们的那条道路。

——选自"战时学习"(《荣耀的重负》)

9月8日

学习是一件必要的武器

如果全世界人都是基督徒,全世界人都没有受过教育大概也没有关系。但事实上,不管教会内部是否存在文化生活,文化生活都会在教会外部存在。如今,无知、头脑简单,即,不能在敌人自己的阵地上与他们作战,就等于扔下武器,出卖我们那些没有受过教育的兄弟。因为,在上帝之下,除我们之外,他们就再没有什么能够抵御异教徒从理性上的攻击。好哲学必须存在,即便不为别的,也是因为我们需要对坏哲学进行反击。冷静的理智不但要对抗对立面的冷静的理智,还要对抗异教种种混乱的神秘主义,因为它们全盘否定理智。也许最重要的是,我们需要熟悉过去。这不是因为过去有什么魔力,而是因为我们无法研究未来,但我们又需要有东西与现在对照,需要有东西来提醒我们:不同时期的基本前设向来都相差甚远,对未受教育之人而言,很多似乎确定的东西实际上只不过是一时的时尚。一个曾在多地生活过的人不大可能被自己本村的错误所蒙蔽,学者生活在多个时代,因此,在某种程度上,不受自己时代的报刊广播中散布的滚滚洪流般的无稽之谈的影响。

——选自"战时学习"(《荣耀的重负》)

9月9日

何谓"爱"

"爱"(charity)这个词现在的意思仅仅相当于过去所谓的"施舍",即周济穷人,这个词原来的意思要广泛得多。(你可以看到这个词的现代意义是怎么演变来的。如果一个人有"爱",周济穷人是他最显而易见的一桩善举,于是逐渐地人们就把它当成好像是"爱"的全部含义。同样,"押韵"是诗歌中最显而易见的特色,于是逐渐地"诗歌"这个词就只表示押韵,不再表示别的。)"爱"(charity)指的是"基督教意义上的爱"。这种意义上的爱不是指感情,不表示情感状态,而表示一种意愿状态,即我们天生对自己怀有,也必须学会对别人怀有的那种意愿。

——选自《返璞归真》

9 月 10 日
爱的法则

　　爱的法则对我们来说非常简单,那就是,不要浪费时间去想自己是否"爱"邻人,只管去行动,仿佛自己真的"爱"邻人似的。一旦这样做,我们就会发现一个伟大的秘密:仿佛带着一颗爱心去行动,你很快就会爱上这个人;伤害一个你讨厌的人,你会发现自己越发讨厌他;以善报恶,你会发现自己不那么讨厌他。有一点确实例外。如果你以善报恶不是为了取悦上帝、遵守爱的律法,而是为了向他表明你多么宽宏大量,让他欠下你的人情,然后坐等他的"感激",你很可能会失望。(人都不是傻瓜,是炫耀还是照顾,他们一眼就能看得出。)但是,无论何时我们向另一个自我行善,不为别的,只因为它是另一个自我,(像我们一样)由上帝所造,我们希望它获得属于自己的幸福,就像希望我们自己幸福一样,那时,我们就已经学会多爱它一点,至少少讨厌它一点了。

——选自《返璞归真》

9 月 11 日
复利

　　基督徒的爱在那些满心多愁善感的人听来虽然有点冷冰

冰，与感情有很大的区别，但是它能产生感情。基督徒与世俗之人的区别不在于世俗之人只有感情或"喜爱"，基督徒只有"圣爱"。世俗之人对有些人友好是因为他"喜爱"他们，基督徒在努力对每个人友好时发现自己在这个过程中喜爱越来越多的人，包括那些他起初压根没有想到自己会喜爱的人。

这条精神法则在反方面产生了可怕的作用。德国人起初虐待犹太人也许是因为恨他们，后来因为虐待而恨之愈甚。人越残忍，恨得就越甚，恨得越甚，就越残忍，以至永远处在恶性循环当中。

善和恶都按复利增长，所以，你我每天所作的小小的决定都有着不可估量的重要性。今天极小的一桩善举就让你占领了一个战略要点，几个月后你可能就从这里开始，继续走向未曾梦想到的胜利。今天对贪欲、愤怒看似微不足道的放纵就让你失去了一座山岭、一条铁路、一座桥头，敌人可能就从那里发动进攻。倘若没有这些放纵，敌人绝对无机可趁。

——选自《返璞归真》

9 月 12 日

不是制造出来的情感

有些作家不仅用圣爱这个词来描述人与人之间基督式的

爱，还用它来描述上帝对人以及人对上帝的爱。后者常常令人们感到焦虑，因为他们知道自己应该爱上帝，可是在自己身上又找不到一点这类的感情。怎么办？答案和前面说过的一样：只管去行动，仿佛自己真的爱上帝。不要坐在那里拼命去制造感情，而要问自己："如果我相信自己真的爱上帝，我会怎么做？"找到答案之后就去行动。

总的来说，我们对上帝爱人的认识比对人爱上帝的认识要多得多。没有人能够始终保持敬虔的情感，即使能够，情感也不是上帝最看重的东西。无论对上帝还是对人，基督徒的爱都关系到意愿。努力按照上帝的旨意去行，我们就在遵守这条诫命——"你要爱耶和华你的上帝。"①上帝如果愿意，他会赐给我们爱的情感，这种情感我们无法为自己创造，也不能作为一项权利来要求。但是有一件重要的事情需要记住，那就是，我们的情感可以瞬息即逝，上帝对我们的爱却不会。它不会因为我们的罪、我们的冷漠而减少，它认定，不管我们需要付出怎样的代价，也不管上帝需要付出怎样的代价，它都一定要除去我们的罪。

——选自《返璞归真》

---

① 参见《申命记》11：1。

论周济

《新约》中有一段谈到人都应当做工,原因是这样"就可有余,分给那缺少的人。"①慈善,即,周济穷人,是基督教道德的一个基本部分,从上帝区分"绵羊与山羊"那个可怕的比喻中我们看到,人得永生还是下地狱似乎都取决于它。② 今天有人说慈善不应当存在,我们不应当周济穷人,而应当努力营造一个不存在穷人、不需要周济的社会。他们说我们应当营造一个这样的社会也许很对,但是若有人因此认为我们现在就可以不周济穷人,那就与整个基督教道德分道扬镳了。我相信一个人无法确定周济的数目,唯一一条可靠的准则恐怕是:给予的要超过能够匀出的。换句话说,如果我们在舒适品、奢侈品、娱乐活动上的花费达到了同样收入之人的普通水平,我们捐赠的可能就太少。如果行善丝毫没有让我们感到拮据,没有给我们带来丝毫妨碍,我们捐赠的就太少。应该有一些我们想做,但因为行善而无法做到的事。我现在说的是一般的"慈善",你自己的亲友、邻居、员工具体的窘迫情况(在某种程度上这是上帝迫使你关注的)要求你捐赠的可能要多得多,甚至会严重影响、危及到你自己的经济。对于我们很多人来

---

① 参见《以弗所书》4:28。
② 参见《马太福音》25:32—46。

说，行善的主要障碍不在于奢侈的生活或想要赚更多的钱，而在于恐惧，对生活失去保障的恐惧。我们应当常常视之为诱惑。有时候骄傲也会妨碍我们去行善，我们忍不住想要炫耀自己的慷慨，在有些花费上（如，小费、请客）超支，而在那些真正需要我们帮助的人身上花费却不足。

——选自《返璞归真》

9 月 14 日

这真的是仁慈吗？

近一百年来，我们一直专注于一种美德——"仁慈"，或曰怜悯。结果，大多数人认为，除仁慈外再也没有其它东西是真正善的，或者，除残忍外再也没有其他东西是真正恶的。伦理上的这种片面发展并非罕见，别的时代也曾有自己钟爱的美德，而对其他东西毫无意识，令人不可思议。假如有一种美德必须以牺牲一切其他美德为代价才能培育出来，那么，没有哪一种美德比怜悯更有资格了。因为，每个基督徒肯定都会憎恶地拒绝暗地里对残忍的鼓吹宣传，这种宣传给怜悯冠以"人道主义"、"感伤主义"之名，竭力想把怜悯驱逐出这个世界。真正的问题在于，我们极容易在无充分理由的情况下将"仁慈"这种品质归于我们自己。每个人，只要当时碰巧没有什么事情令他讨厌,都会觉得自己仁慈。所以,一个人很容易拿这种信念来安慰自己,开脱自己一切其他的罪恶,那个信念就是:"他的心地很好","他连一只苍蝇都不愿伤害。"而实际上,他从未为自己的同类作过一点点牺牲。只要快乐,我们就会认为自己仁慈;而因为快乐,就想象自己节制、贞洁或谦卑却不那么容易。

——选自《痛苦的奥秘》

9月15日
灵巧像蛇

谨慎指的是在实践中运用常识,花工夫仔细思考自己所做的事以及可能产生的后果。如今大多数人都不愿把谨慎视为"美德"。实际上,因为基督说过我们只有像小孩子一样才能进天国,①很多基督徒便产生这种想法,认为只要"善良",做傻瓜也无妨。这是一种误解。首先,大多数孩子在做自己真正感兴趣的事情时都十分"谨慎",非常明智地把事情考虑清楚。其次,正如圣保罗指出的,基督的意思绝不是要我们在智慧上永远像孩子。基督教导我们不仅要"驯

---

① 参见《马太福音》18:3,"你们若不回转,变成小孩子的样式,断不得进天国。"

良像鸽子",还要"灵巧像蛇",他要的是儿童的心、成人的头脑。他要求我们像好孩子那样单纯、专一、有爱心、肯受教，但是他也要求我们调动一切智慧，时刻警惕，处于一级战备状态。你捐钱给慈善机构并不代表你无需努力去查明这个机构是否在行骗，你思考上帝本身（例如，在祷告时）并不代表你可以停留于自己五岁时对上帝的认识。诚然，如果你天生智力平庸，上帝不会因此少爱你一点、少派你一点用场，对那些智力差的人上帝给他们安排了用武之地，但是上帝要求每个人各尽其才。

——选自《返璞归真》

9 月 16 日

不仅仅关系到摔倒

很不幸，和其他一些词一样，节制这个词的含义也已发生变化。它现在通常指绝对的戒酒，但是在人们将它定为第二大德性的时代，它丝毫没有这种含义。那时的节制不专指饮酒，而是指所有的享乐，它的意思不是戒绝，而是适可而止。认为所有的基督徒都应当绝对戒酒，这一观点是错误的，伊斯兰教是绝对戒酒的宗教，基督教不是。当然，在具体的时候，某个基督徒或任何一个基督徒可能有义务戒绝烈酒，这可能是因为他是那种不喝则已一喝必酒醉方休的人，也可能是因为与那些常常醉酒的人在一起，他不应该喝酒来纵容他们。总的说来，他因为一个充分的理由拒绝一件他不谴责、也愿意看见别人享受的事。有一类坏人，他们有一个特点，自己要戒绝的事也必须要求其他的人戒绝。这不是基督教的做法……

在现代节制这个词限指饮酒已经产生了巨大的危害，它让人们忘记了这点，那就是，对许多其他的事人们完全可能同样没有节制。一个以高尔夫、摩托车为生活中心的男人，一个一门心思扑在服装、桥牌或狗身上的女人，与一个每晚都醉酒的人一样，都"没有节制"。当然，这不那么容易在外面表现出来，迷恋桥牌、高尔夫不会让你倒在马路中间。但是，上帝不会为外表所骗。

——选自《返璞归真》

9 月 17 日

当世界发生碰撞

基督徒似乎在两种意义或两个层面上使用"信"这个词……第一种意思只是指相信，即接受基督教教义，或认为这些教义是正确的。这很简单。令人困惑的是，至少过去令我困惑的是,基督徒把这种意义上的信心看成是一种美德。我以前常问:这种信心怎么可能成为美德? 相信一套陈述有何道德与不道德之处? 我以前常常说,一个正常的人是否接受一个陈述,原因显然不在于他是否愿意接受,而在于那些证据在他看来是否充分……

我想我现在仍然坚持这种观点。但是我当时不明白,许多人现在仍然不明白的是:我以为,人的头脑一旦视一件事为正确,它就会自动地继续视之为正确,直到确实有原因需要重新考虑为止。实际上,我以为人的思想完全由理性统治,但事实并非如此。例如,我有充分的证据让理性绝对相信,麻醉剂不会让我窒息,受过正规训练的外科医生只有等到我失去知觉后才会开始动手术。但是这不会改变这样的一个事实,那就是,当他们让我躺到手术台上,在我脸上蒙上可怕的面罩时,我的心中就开始产生一种纯粹幼稚的恐慌,开始想到自己马上就会窒息,担心自己还没有完全失去知觉医生就会开始手术。换句话说,我对麻醉剂失去了信心。让我丧失信心的不是理性,恰恰相反,我的信心建立在理性之上,让我丧失信心的乃是想象和情感。我的心中有两方在交战,一方是信心和理性,另一方是情感和想象。

——选自《返璞归真》

信心的培养

　　"信"在我现在使用的意义上指的是一门艺术,它让人在变化的情绪下仍然坚持理性曾经接受的东西,因为不论理性采取何种立场,情绪都会发生变化。这是经验之谈。我现在是基督徒,但我有时确实会产生这样的情绪:整个的基督教在我看来极不可信。过去我是无神论者时,又有过这样的情绪:基督教在我看来极其可信。情绪总会对真实的自我进行反叛,这就说明了为什么"信"是一种必不可少的美德。不告诉情绪"何时退场",就永远不能成为一名坚定的基督徒,甚至不能成为一名坚定的无神论者,你只能是一只徘徊不定的动物,你的信仰实际上取决于天气和自己的消化状况。因此,人必须培养信心的习惯。

　　第一步,承认自己的情绪会发生变化这个事实。第二步,如果你已经接受了基督教,每天一定要有意识地在自己的脑海中重温基督教的主要教义。这就是为什么我们说,每日祷告、阅读宗教书籍、去教堂做礼拜是基督徒生活必不可少的几部分。对已经相信的东西我们需要不断地得到提醒,无论基督教信仰还是其他的信仰都不会自动在我们的思想中存活下去,我们必须给它提供养料。实际上,考察一百个丧失基督教信仰的人,有多少是被真实的论据说服,放弃信仰的?大多数人岂不是随着岁月的流逝，日渐丧失的吗？

——选自《返璞归真》

9 月 19 日

真正的诱惑

你可能还记得我说过，意识到自己的骄傲是迈向谦卑的第一步。现在我要说，下一步就是努力去实践基督徒的美德。努力一个星期不够，第一个星期事情往往一帆风顺。努力六个星期，到那时，就你所见，自己已经彻底跌回到了起点，甚至比起点还低。那时，你就会发现自己的一些真相。一个人不努力去行善，就不知道自己有多坏。现在流行一种愚蠢的观点，即认为好人不懂得何为诱惑。这显然是一个谎言，只有那些努力抵制诱惑的人才知道诱惑的力量有多大。说到底，你是通过对敌作战而不是通过投降才知道德军的实力，是通过顶风而行而不是通过躺下才知道风力。一个五分钟后即向诱惑妥协的人当然不知道一小时后诱惑会变成怎样。这就是为什么从一种意义上说，坏人对坏知之甚少，因为他们一直靠妥协过着一种苟且偷安的生活。不努力与内心的恶念作斗争就不清楚它的力量。基督因为是唯一一位从未向诱惑妥协的人，所以也是唯一一位彻底明白诱惑含义的人，是唯一一位彻底的现实主义者。

——选自《返璞归真》

9月20日

实际上并非那么糟糕

私酷鬼提供了更多的手段来迷惑"病人"：

迄今为止，我所写的都是基于这样的假设，即，教堂里我邻座的人没有提供合理的理由让我觉得失望。当然，如果他们能够提供——如果"病人"知道那个戴着滑稽帽子的女人是个桥牌迷，或知道那个穿着咯吱作响靴子的男人是个吝啬鬼、勒索者——你的任务就简单得多。那样，你唯一需要做的事就是禁止他想到这个问题："如果就我目前的状态，我尚且认为自己某种意义上是基督徒，邻座的那些人，凭什么他们身上的各种罪就证明他们的信仰虚伪，不过是习俗常规？"你也许要问，甚至阻止人类的头脑产生如此显而易见的想法是否可能。这是可能的，瘟木，这是可能的！用恰当的方法对付他，他的头脑里就不会产生这种想法。他与"敌人"的交往绝对谈不上很久，还没有产生真正的谦卑。甚至在跪下祷告时，他所说的一切有关自己罪的话都只是鹦鹉学舌。在心底他仍然相信，通过归信，他已经在敌人的分类帐上累积了一笔非常可观的贷方余额。他还认为，自己一直同这些"自鸣得意"、平平庸庸的邻居去教堂就已经表现出了极大的谦卑，就已经屈尊俯就了。让他尽可能长期地停留在那种思想状态。

——选自《魔鬼家书》

9月21日

从操练基督徒美德中学习的功课

我们从努力实践基督徒的美德中得知的重要一点就是我们失败了。若有谁认为上帝是在让我们考试，考好了就可以取得好成绩，这种观念必须清除；若有谁认为这是一种交易，我们履行了合同中自己这方的义务就可以要挟上帝，使他纯粹为了公平起见履行他那一方的义务，这种观念必须清除。

我想，每一个对上帝有着朦胧的信仰、尚未成为基督徒的人，头脑中都存在考试或交易的观念。真正信仰基督教的第一个结果就是粉碎这种观念。有些人在发现这种观念遭到粉碎时就认为基督教是假的，放弃了信仰，在他们看来上帝的头脑太简单。实际上，上帝当然知道这一切。粉碎这种观念正是基督教注定要做的事情之一，上帝一直在等待这个时刻，在这一刻，你发现不存在考试及格或要挟上帝的问题。

随之而来的是另外一种发现，你发现自己的一切能力——思考的能力、自由活动四肢的能力——都是上帝赐予的。即使你将整个生命的每一时刻都全部用于侍奉上帝，你也不可能给予上帝任何额外的东西，在某种意义上说，一切都已经属于上帝。所以，当我们说一个人为上帝做了什么或给了上帝什么时，我告诉你，这就像一个孩子走到父亲那里，对他说："爸爸，给我六便士，我要给你买份生日礼物。"父亲当然会答应他，也会为孩子送他的礼物感到高兴。这很好，很合情合理，但唯有傻瓜才认为父亲在这桩交易中净赚了六便士。

——选自《返璞归真》

9月22日

像车轮的轮辐

上帝注重的实际上不是我们的行为，他注重的是我们应当成为一种特定的造物，具有特定的性质，即，成为他原本预定我们的模样，以特定的方式与他关连。我没有加上"以特定的方式与彼此关连"这句话，因为它已经包括在其中。你若与上帝的关系妥当，与其他人的关系也必定妥当，就像车轮的轮辐，所有的轮辐若都妥当地安装到轮毂和轮辋上，它们彼此之间的位置也必定妥当。只要一个人仍把上帝视为考官或交易的对象，也就是说，只要他仍在考虑自己和上帝之间的要求与反要求,他就还没有与上帝建立妥当的关系。他对自己是谁、上帝是谁的认识有误。只有等到他发现自己原来一无所有之后,他才会与上帝建立妥当的关系。

当我说"发现"时,我指的是真正地发现,不是像鹦鹉学舌似地说说而已。当然,任何一个孩子,只要接受了一点宗教教育,就很快学会说:我们奉献给上帝的一切原本都属于上帝,我们发现,即使是原本属于上帝的东西,我们也不能毫无保留地奉献出去。但是,我现在说的是真正发现这点,由经验真正明白这句话的正确性。

——选自《返璞归真》

9 月 23 日

让上帝去做

我们只有尽了最大的努力(然后失败了),才能……发现自己无法遵守上帝的律法。不真正努力,无论说什么,我们的思想深处总会有这种想法:下次再努力一些,准保尽善尽美。所以在某种意义上说,回归上帝的道路是一条道德上不断努力的道路。但是在另一种意义上说,努力永远不能带我们回天家。所有这些努力最终只会导致这样一个关键时刻,在这一刻,你转向上帝,说:"这必须由你来做,我做不了。"请不要问自己:"我已经到达那一刻了吗?"不要坐下来苦思冥想这一刻是否即将到来,这会让你误入歧途。当生命中最重大的事情发生时,我们当时往往不明白其中的究竟。一个人不会不停地对自己说:"喂!我在长大。"往往只有在回首往事时,他才意识到所发生的事,承认那就是人们所说的"长大"。我们从简单的事情中也能明白这点。一个人越焦急地关注自己是否会入睡,越有可能处于高度清醒的状态。同样,我眼下所说的可能也不会闪电般地突然发生在每个人身上,像发生在圣保罗和班扬身上那样。这一刻的到来可能会很缓慢,永远没有人能够指出具体的时辰,甚至具体的年份。真正重要的不是变化发生时我们的感受,而是这种变化自身的性质,我们从相信自己的努力转变到对自己的一切努力感到绝望,从而将一切交托给上帝。

——选自《返璞归真》

9 月 24 日

天堂最初一缕依稀的曙光

我知道"交托给上帝"这句话可能会引起误解,但是目前我们还只能这样说。对基督徒而言,交托给上帝意味着彻底信靠基督,相信基督会以某种方式让他也具有那种完美的人的顺服（基督从出生到受难一生都体现了那种顺服），相信基督会使他更像基督自己，在某种意义上说，变他的缺点为优点。用基督教的语言来说，基督要与我们分享他"儿子的名分"，让我们和他一样成为"上帝的儿子"。在第四部分我会尝试进一步分析这些词的意思。如果你愿意，你也可以这样说：基督给予却不索取，他甚至给予一切而一无所得。在某种意义上说，基督徒的整个生命就在于接受这份丰富的馈赠。可是，要认识到自己已做的和能做的一切都算不了什么却很困难，我们更愿意上帝数算我们的好处、不计较我们的坏处。在某种意义上你还可以说，只有等我们不再努力去战胜诱惑，即承认失败时，我们才战胜了诱惑。但是，你不尽自己最大的努力，就不能以正确的方式、没有正当的理由"停止努力"。在另外一种意义上说，将一切交给基督当然不意味着你停止努力，信靠他一定意味着照他吩咐的一切去做。信任一个人却不听从他的劝告是不可思议的。因此，你若真正把自己交给了基督，就必定会努力遵从他。但是，这种努力是以一种新的方式，以一种不那么忧虑的方式进行的。你做这些事情不是为了得救，而是因为基督已经开始拯救你。你不是要以自己的行动换取进入天堂，而是不由自主地以特定的方式去行动，因为天堂最初一缕依稀的曙光已经照到了你里面。

——选自《返璞归真》

是信心还是事功？

　　基督徒常常辩论这个问题：引导基督徒回天家的究竟是善行还是相信基督？对这样的难题我确实无权发表意见，但在我看来，问这个问题等于问一把剪刀的哪一片最必不可少。唯有道德上的认真努力才会让你认识到自己的失败，唯有相信基督才会让你在认识到自己的失败时不至绝望，相信基督就必定会有善行。有两种假冒的真理，一些基督教徒曾指责不同的教派相信它们，这两种假冒的真理或许能帮助我们更清楚地认识真正的真理。据称，有一派基督徒说："唯有善行才是最重要的，最美的善行是慈善活动，最佳的慈善活动是捐钱，捐钱的最佳去处是教会。所以，交给我们一万英镑，我们就帮你脱离苦难。"当然，对这种鬼话我们的回答是：抱着这种目的，认为花钱就可以进入天堂，这样的善行根本不是善行，只是商业投机。据称，另一派基督徒说："唯有信心才是最重要的，所以，只要有信心，干什么都无妨。继续犯罪吧，小伙子，好好享受，基督会保证最终一切都不会对你造成任何影响。"对这种鬼话我们的回答是：你若说自己相信基督，却毫不在意他的教导，那就根本不是相信。你没有相信基督、信靠基督，只是理性上接受了一种有关基督的理论。

——选自《返璞归真》

与上帝同工

圣经出人意料地将这两点［指信心和善行——译注］放在一个句子中，好像确实解决了这个问题。这个句子的前半部分是："就当恐惧战兢，作成你们得救的工夫，"[①]看上去好像一切都取决于我们和我们的善行。但是，后半部分接着说："因为你们立志行事，都是上帝在你们心里运行，"[②]看上去好像一切都由上帝来做，我们无能为力。我们在基督教中碰到的可能就是这种情形。我对此虽有些不解，但并不感到惊讶。瞧，我们现在极力想弄明白的是：上帝和人在一同工作时，上帝做些什么，人又做些什么。我们极力想把二者区分开来，使二者分属不同的领域，互不相干。当然，我们一开始就认为这像两个人合作，你可以说："他干了这点，我干了那点。"但是这种观点行不通，因为上帝不是那样，他既在你之外又在你之内。即使我们能弄明白谁做了什么，我想人类语言也无法恰当地表达。在试图将它表达出来时，不同教派的说法可能不一。但是你会发现，即使那些极力强调善行的人也会告诉你：你需要信心；即使那些极力强调信心的人也会告诉你：要去行善。

——选自《返璞归真》

---

① 参见《腓立比书》2:12。

② 同上 2:13。

9 月 27 日

你跟从我吧

基督徒之间争论的有些问题,我认为还没有人告诉我们答案;有些问题我也许永远不会知道答案。倘若我问这些问题,即使在一个比现在更好的世界里,(就我所知),我得到的答复也可能与一个远比我伟大的提问者①得到的答复相同,那就是,"与你何干?你跟从我吧!"②

——选自《返璞归真·前言》

9 月 28 日

想象的美德

私酷鬼提供了一幅有用的图像:

把你的"病人"看成是一组同心圆:最里面的是他的意志,再往外是他的理智,最后是他的想象。你不大可能马上把所有圆中沾有"敌人"气息的东西都统统除掉,但你必须把所有的美德都向外推,直到最后把它们安放在想象这个圆中为止,你还得把所有对你有利的品质向内推到意志中。

---

① 指耶稣的门徒彼得。
② 参见《约翰福音》21:22。

美德只有在到达了意志之中，并体现在习惯上，对我们才是真正致命的。（当然，我指的不是病人误以为是自己意志的那个东西——下定决心、咬紧牙关时可察觉到的那种愤怒和烦躁，我指的是敌人称之为"心"的那个真正的中心。）种种的美德，倘若在想象中得到粉饰，或是在理智上得到认同，甚至在一定程度上得到理智的喜爱和钦佩，就不会让一个人远离我们的父家。实际上，当他到达那里时，这些美德可能会使他显得更加可笑。

——选自《魔鬼家书》

9 月 29 日

上帝在哪里？

路易斯哀悼妻子乔伊的去世：

这时候上帝在哪里？这是最令人不安的一个征兆。当你快乐，快乐得根本没想到需要上帝，快乐得近乎把上帝对你提出要求看成是一种打扰时，这时候如果你省悟，带着感恩和赞美之情转向上帝，上帝会张开双臂欢迎你，要么他给你的感觉是如此。但是，当你急切地需要他，当一切其他的帮助都无济于事时，你寻求上帝，这时你发现了什么？门砰地一声迎面关上了，里面传出了闩门声，锁上了双保险，接下来一片静寂。

你还是走开的好,你等得越久,这静寂就越发明显。窗户里没有灯光,这幢房子可能是空的。曾有人住在这里吗?似乎曾经有人住过。两种情况都同样可能。这会意味着什么?为什么在我们成功时,他以一位指挥官的身份出现,而在我们陷于困境时,他隐而不现,不帮助我们?

今天下午我试图向 C.表达这样一些想法,他提醒我说,同样的事情似乎也发生在基督身上:"你为什么离弃我?"[1]这个我知道,但这会使我们理解起来更容易吗?

(我想,)问题不在于我很可能面临着不再相信上帝的危险,真正的危险是我最终会相信一些有关上帝的可怕的事。我害怕的结论不是"所以,上帝根本不存在",而是"所以,这就是上帝的真面目,别再自我欺骗了。"

——选自《卿卿如晤》

9 月 30 日

安息

路易斯哀悼妻子乔伊的去世:

他们告诉我说 H.现在很幸福,她安息了。什么使得他们

---

① 参见《马太福音》27:46。

如此确信？我不是说我害怕她有最坏的结局，差不多在临终前她说过："我在上帝那里得到了安息。"她以前一直都在上帝那里得到安息，她从不撒谎，也不易上当受骗，在关系到自己的利益时尤其不易上当受骗。我指的不是那个意思，可是，他们为什么如此确信一切痛苦都随着死亡结束？一半以上的基督徒以及东方数以百万的人，看法恰恰相反。他们怎么知道她"安息"了？分离（假定没有其他事情）为什么让留在世上的这一方如此痛苦，而去世的那一方却毫无知觉？

"因为她在上帝的手中。"可是，假如是这样的话，她一直就在上帝的手中，她在世时，我见到上帝的手对她所行的事。难道在我们脱离肉体的那一刻，上帝的手对我们就突然变得更加温柔？果真如此，那又是为什么？如果上帝的仁慈与让我们伤心相互矛盾，那么，上帝要么不是仁慈的，要么就不存在。因为，在我们所知的唯一人生当中，他让我们伤心的程度超出了我们最害怕的、超出了我们所能想象的一切之外。如果上帝的仁慈与让我们伤心并不矛盾，那么他可能让我们在以后与在生前一样经历无法忍受的伤心。

有时候，不说"上帝赦免上帝"是很难的，有时候，说它又是很难的。但是，如果我们的信仰是真的，上帝就没有赦免上帝，他把他（指圣子耶稣基督——译注）钉了十字架。

——选自《卿卿如晤》

十 月

模糊的视觉

路易斯哀悼妻子乔伊的去世：

为什么从来没有人告诉我这些事？换作以前，我可能轻易就错误地论断了与我现今处境相同的人！我可能会说："他已经从悲伤中恢复，已经把他的妻子忘掉了。"可实际情况是："正因为他部分地恢复了过来，他对她的记忆更加清楚。"

事实就是如此。我相信这一点是有道理的。眼睛被泪水模糊时，你什么都看不清楚；你若过于急切地想要什么，在大多数情况下，你得不到自己想要的，无论如何，你得不到最理想的。说"现在，让我们来好好地谈一谈"，只会让每个人都归于沉默；说"今晚我必须睡个好觉"，只会迎来几个小时的失眠；对于极度的饥渴，美味的饮料只是一种浪费。同样，当我们想到已故的亲人时,使我们觉得自己仿佛正在凝视真空的,不正是要扯开那道铁幕的强烈渴望吗?"他们求"(无论如何,若是"过于急切地求")也得不着,也许不可能得着。

也许,人与上帝的情况也是如此。我开始逐渐地感觉到那扇门不再是紧闭闩上的了。以前是不是我自己疯狂的需要让这扇门砰地一声迎面关上了呢?你的灵魂中除呼求帮助之外别无他物时,也许就是上帝无法给你帮助的时刻,就像落水之人,因为两手乱抓,无法得到他人的帮助一样。也许,你自己反复的呼求让你听不见你希望听到的声音。

——选自《卿卿如晤》

10月2日

千万不要抱怨

路易斯哀悼妻子乔伊的去世:

我已经多大程度上从悲伤中恢复?我想,我恢复的程度与另一类型——一个干粗活的人——的鳏夫相同。这人听到我们的询问,会停下来,靠在铁锹上,回答说:"谢谢你。千万不要抱怨。我确实非常想念她,但有人说这些事情是用来考验我们的。"我们俩到达了同样的地点,他拿着他的锹,我现在因为已经不擅长挖地了,拿着我自己的工具。当然,我们必须正确地理解"用来考验我们"。上帝一直在试验我的信心或爱,不是为了弄清楚这种信心或爱的性质,这个他已经知道,不知道的人是我。在这场审判中,他让我们同时坐在被告席、证人席和法官席上。他一直就知道我的殿宇是纸牌堆成的,唯有拆毁它,才能让我意识到这个事实。

——选自《卿卿如晤》

10 月 3 日

伟大的反圣像崇拜者

路易斯哀悼妻子乔伊的去世:

H.所有的照片都拍得不好,这没关系。我对她的记忆如果不完整也没关系,或者说关系不大。形像不管是纸上的还是脑海中的,本身都不重要,都只是些链接。我们从一个比这要高出无数倍的领域中取一个类比。明天早晨,牧师要给我一块小小的、圆圆的、薄薄的、冰凉的、没有什么味道的圣饼,这块圣饼不能假装与它使我与之联合的东西①有一丁点的相似,这是坏事吗? 从某些方面来说,这不是一件好事吗?

我需要基督,而不是某个与他相似的东西;我想要 H.,而

----

① 指基督的身体。基督徒认为,在领圣餐(吃饼、饮葡萄汁)中,自己的身体与基督联合在一起。

不是某个像她的东西。一张很好的照片也许最终会变成一个网罗、一个令人恐惧的东西、一个障碍。

我必须承认圣像有其用处（无论它们是头脑外的照片、雕像，还是头脑内的想象物，都没啥区别），否则它们就不会一度盛行。但对我而言，它们的危险却更明显——神圣者的像容易变成神圣的像，变成不可侵犯的。我有关上帝的观念不是上帝的观念，我的观念必须一次又一次地被粉碎。上帝亲自粉碎我对他的观念，他是伟大的反圣像崇拜者。我们岂不是几乎可以这样说，这种粉碎正是他临在的一个标志吗？道成肉身就是最好的例子，它摧毁了以前一切关于弥赛亚的观念。捣毁圣像让大多数人感到受到了"冒犯"，那些没有受到"冒犯"的人是有福的。但同样的事情也发生在我们个人的祈祷中。

一切现实都具有捣毁圣像的性质。甚至在此世，你尘世上的爱人也不断地超越你对她的纯粹想象，你也希望她超越。你想要她，包括她对你的种种反对、她的种种过失、种种令人意想不到的地方，也就是说，你想要实实在在的、自主的、现实中的她。这——而不是任何的形像或记忆——才是她去世后我们仍然要爱的。

——选自《卿卿如晤》

10月4日

暗中的嘿嘿一笑

路易斯哀悼妻子乔伊的去世：

生命有限的人能够提出上帝发现无法回答的问题吗？我得承认，很容易！一切荒谬的问题都无法回答。一英里有几小时？黄色是方的还是圆的？我们提的问题——那些伟大的神学和形而上学的难题——有一半可能都是类似这样的问题。

既然想到这事，我发现我的面前根本没有什么实际的问题。我知道那两大诫命，我最好遵照这两条诫命来生活。H.的去世实际上解决了这一实际的问题，在她活着的时候，我实际上可能把她放在了上帝之前，也就是说，在二者相互冲突时，我可能做了她要我，而不是上帝要我做的事。现在剩下的不是我能做什么的问题，而全是关于情感、动机之类事情所占分量问题。这是我给自己出的难题，我相信这不是上帝给我出的难题……

一方面是神秘的合一，另一方面是肉身复活，我找不到任何的图像、公式甚至情感能够将二者结合起来。但是，我们知道现实将二者结合了起来，现实又一次做了反圣像崇拜者。天堂会解决我们的难题，但我想不是通过这样的方式，即，让我们看到自己显然相互矛盾的观念之间有着微妙的和谐。这些观念都将从根上击倒，我们将看到，从来就不存在什么难题。

不止一次，我有这样一种印象，我无法描述，只能说它像暗中的嘿嘿一笑。我还有这样一种感觉，那就是，某种单纯（它具有直接粉碎、消除头脑中疑问的作用）就是真正的答案。

——选自《卿卿如晤》

10 月 5 日

调和人类的痛苦与慈爱的上帝

如果我们轻看"爱"这个词、看事以人为中心，我们就无法解决人类的痛苦与慈爱的上帝存在一致这个问题。人不是中心，上帝不是为了人而存在，人也不是为了自己而存在。"因为你创造了万物，并且万物是因你的旨意被创造而有的"（《启示录 4：11》）。我们被造主要不是因为我们可以爱上帝（尽管那也是我们被造的目的），而是因为上帝可以爱我们，我们可以成为这样一个对象，上帝的爱能够"喜悦"地停留在我们当中。要求上帝的爱对我们的现状满意，就是要求上帝不再是上帝。因为上帝就是他所是，就其本质而言，他的爱必定会受到我们目前品格上的某些缺点的妨碍和排斥，而且，既然他已经爱了我们，他就一定会努力使我们变得可爱。哪怕是在表现好的时候,我们也不能期望上帝接受我们目前的不洁净,就像乞丐女不能期望国王科菲图阿对她的破烂衣裳和邋遢感到满意一样。又如一只狗,在学会了爱人之后,就希望人能在自己的屋子里容忍一只野狗群里出来、身上长着寄生虫、到处乱咬、随地大小便的畜生一样。我们在当下此世称为"幸福"的东西不是上帝重点期待的结果,只有当我们变成上帝能够毫无障碍地去爱的样子时,我们才会真正地幸福。

——选自《痛苦的奥秘》

10月6日

痛苦的根源

痛苦的可能性蕴藏在世界的存在本身,在这个世界上人与人能够彼此相遇。当人变得邪恶时,他们就肯定会利用这种可能性来彼此伤害,这种伤害也许占了人类痛苦的五分之四。制造出肢刑架、鞭子、监狱、奴隶制、枪、刺刀、炸弹的是人,而不是上帝;我们贫穷,需要从事过于繁重的工作,不是由于自然的吝啬,而是由于人类的贪婪或愚蠢。尽管如此,仍然有很大一部分痛苦不能以这种方式追溯到我们自己身上。即便所有的痛苦都是人为的,我们也想知道,为什么上帝给予邪恶之极之人这样大的许可,允许他折磨自己的同类。如果你说,对于像我们现在这样的受造物,善指的主要是纠正性的或补救性的善,这是一个不完美的答案。不是所有的药味道都不好,即便这是个不愉快的事实。我们想要追问的是:为什么?

——选自《痛苦的奥秘》

10 月 7 日

交付

受造物应有的善是将自己交付给造物主,在理性、意志、情感上体现它是受造物这一事实本身所蕴涵的那种关系。当受造物这样做时,它就是善的、幸福的。为了不使我们觉得这是一件苦事,这种善在一个远高于受造物的层次上就开始了。因为上帝自己作为圣子,以儿子的顺服,从永恒之中将圣父因着父爱永恒地孕育在他之中的生命归还给了圣父。人受造就是要效仿这种样式,乐园里的人确实效仿了。无论在哪里,受造物以一种喜悦的、也令造物主喜悦的顺服之心完全地将造物主赋予他的意志归还,那里无疑就是天堂,圣灵就在那里运行。在尘世,就我们目前所知,问题在于如何恢复这种自我交付。我们不仅是不完美的受造物,必须加以改进,我们还是(正如纽曼所说)反叛者,必须放下武器。

我们的治疗为什么一定要痛苦？对于这个问题，第一个答案是：无论在哪里，以何种方式，只要我们把长期以来一直声称属于自己的意志归还回去，这本身就是一场剧痛。我想，甚至在乐园里，人也有一点小小的自我依附需要克服，尽管在乐园里这种克服和顺服令人狂喜。但是，要交付一个因多年的侵占而膨胀加剧的自我意志，却是一种死亡。

——选自《痛苦的奥秘》

10 月 8 日

反叛的自我

我们都记得这个自我意志在我们的孩提时代是什么样子：每逢遭到反对就表现出持久强烈的愤怒，激动的泪水夺眶而出，心中产生一种极其邪恶的愿望，宁肯杀人或者自己死也不肯让步。因此，老一辈的保姆或父母认为教育的第一步是"粉碎孩子的意志，"是完全正确的。尽管他们的方法往往不对，但我认为，看不到这种必要性，就彻底无法理解属灵的法则。如果说既然我们已经长大了，不再那么经常嚎叫、跺脚，那一部分是因为我们还在托儿所时，我们的长辈就开始了粉碎扼杀我们自我意志的过程，还有一部分是因为同样强烈的感情现在采取了一些更加微妙的形式，变得更狡猾，通过各种各样的"弥补"来避免死亡。因此,我们每天必须经历死亡,无论我们怎样频繁地认为自己已经粉碎了反叛的自我,我们都会发现它仍然活着。

——选自《痛苦的奥秘》

10月9日

上帝的喇叭筒

只要自我意志表面上一切正常,人的灵甚至就不会尝试去放弃它。此时,错误和罪占据了自我意志,错误和罪越深重,受害者就越不怀疑它们的存在,它们是隐蔽的恶。痛苦是赤裸裸的、清楚明白的恶,每个人在受伤时都知道哪个地方出了问题。……痛苦不仅是一眼就能看出来的恶,而且是无法忽视的恶。我们可能心安理得地处于罪和愚蠢的行为之中;看到贪食者大口地吞吃最精美的食物,仿佛不知自己所食,任何人都会承认,我们甚至可能忽视快乐。但痛苦却一定要人们注意到它。在我们的快乐中,上帝对我们低声耳语;在我们的良心中,上帝对我们说话;但是,在我们的痛苦中,上帝对我们呐喊:痛苦是上帝的喇叭筒,用来唤起耳聋的世界。

——选自《痛苦的奥秘》

把持自己的生命

如果说痛苦的首要作用——也是最基本的作用——是粉碎一切皆好这种错觉,那么,它的第二个作用就是粉碎这样一种错觉,即,我们拥有的东西,不管其本身是好是坏,都是我们自己的,对我们来说就足够了。每个人都注意到,当我们诸事顺利时,想到上帝是多么地困难。当我们说我们"拥有自己想要的一切",而这"一切"并不包括上帝时,这种说法是可怕的。我们发现上帝是个障碍。正如圣奥古斯丁在某处所说的:"上帝想给我们点什么,却不能够,因为我们的双手是满的,上帝没有地方放这东西。"或者像我的一个朋友所说的:"我们对上帝的看法就如同飞行员看他的降落伞,降落伞提供紧急之需,但他希望自己永远不必使用它。"创造我们的上帝知道我们是什么,也知道我们的幸福在他之中。可是,只要上帝给我们留下别的去处,哪怕在那里只是看似能找到幸福,我们就不会在上帝中去寻找。当我们所谓的"我们自己的生命"仍然惬意时,我们就不会将自己的生命交付给上帝。因此,上帝除了让"我们自己的生命"不那么惬意,除了拿走貌似是虚假幸福的源泉外,还能做什么有益于我们的事呢?

——选自《痛苦的奥秘》

10 月 11 日

温和的言语

正是在这里，在上帝的旨意乍看起来非常残忍之处，上帝的谦卑、至高者的降尊最值得颂赞。当我们看到不幸降临到正派、高尚、于人无损之人身上，降临到勤劳能干的母亲或勤俭的小商人，降临到那些以辛勤诚实的工作换来适度的幸福，看样子正准备享受这份幸福之人身上时，我们感到很困惑。我怎样才能把在此应当说的话用比较温和的言语说出来呢？我知道，在每一个反对我的读者看来，在某种程度上，我个人应该为我尽力要解释的一切负责，正如直到今天，大家一说起来就仿佛圣奥古斯丁希望未受洗的婴儿下地狱似的。这点无关紧要，但是，如果我让任何一个人偏离了真理，那就事关重大了。我恳求读者尽力相信（哪怕只是暂时相信）这一点：创造了这些配得幸福之人的上帝，他这样认为也许确实是对的，那就是，适度的富足和子女的幸福不足以使他们蒙福，因为所有这一切最终都会离他们而去，如果他们还没有学会认识上帝，他们将会非常地不幸。因此，上帝使他们烦恼，将他们终有一天会发现的匮乏预先提醒他们。他们自己以及家人的生活妨碍他们认识到自己的需要，所以，上帝使那种生活变得对他们来说不那么惬意。

——选自《痛苦的奥秘》

10 月 12 日

在顺服中交付

上帝命令我们做一些事,只是因为这些事本身是好事。说了这点之后,我们必须再加上一句:有一件事本质上就是好的。那就是,理性的受造物应当自愿地在顺服中将自己交付给造物主。我们顺服的内容,即,上帝命令我们做的事,本质上总是好的。(作一个不可能的假设,)即便上帝没有命令我们去做,我们也应该去做。除了这个内容之外,遵从本身本质上也是好的。因为,在遵从中,理性的受造物有意识地发挥了它作为受造物的作用,彻底改变了我们由之堕落的行为,沿着亚当的步伐走回去,回到伊甸园。

——选自《痛苦的奥秘》

10 月 13 日

创造中的同工

如果说痛苦有时候粉碎了受造物虚幻的自足,那么,在最大的"考验"或"牺牲"中,它则告诉人什么是真正应该属于他的自足。"从上头赐给的力量才可以称作他自己的,"①因为,

---

① 参见《约翰福音》19:11。

在他失去一切纯粹自然的动力与帮助时,他靠那种力量——仅靠上帝因为他顺服的意志而赐给他的力量——来行动。当人完全以上帝的意志为自己的意志时,意志才真正具有创造力,才属于我们自己。失去生命的将要得着生命,这句话具有多层含义,这是其中的含义之一。在一切其他行动中,我们的意志靠本性来满足,即,不靠自我而靠被造的东西——靠我们的身体组织和遗传供给我们的欲望——来满足。当我们的行动只发自我们自己,即,发自住在我们之中的上帝时,我们就是创造的同工,或者说,是活的创造的工具。这就是为什么这种行动,靠着"倒背咒语",解了亚当置于人类身上的符咒,这个符咒使人类失去了创造力。[①] 因此,正如自杀是淡泊精神、战斗是武士精神的典型表现一样,殉道一直是基督教徒品格的最高体现和最完美的境界。这一伟大的行为是在骷髅地被钉十字架的基督为我们发起、为了我们而作、作为榜样供我们效仿、以难以置信的方式传递给所有信徒的。在骷髅地,甘愿受死的程度达到了想象的极限,或许超出了极限——不仅一切自然的帮助离开了这位受难者,就是接受献祭的天父自

---

① 该引语出自约翰·弥尔顿的假面诗剧《科马斯》。该剧讲述了两兄弟和姐姐一起去赴父亲的就职典礼,路过一片森林时,姐姐走失,被妖魔科马斯骗去,科马斯施魔法将姐姐变成了一尊石像。后来在神明的帮助下,两兄弟冲进魔窟,救出了姐姐。在剧中神明称把妖魔手中的棍子夺过来,倒拿着棍,再倒背咒语,就可以解除魔法。在中世纪文学中"倒拿着棍,倒背咒语"是传统的解除魔法的办法。

己也没有临在，也离开了这位受难者。可是，尽管上帝"离弃"了他，他却毫不犹豫地把自己交付给了上帝。

——选自《痛苦的奥秘》

10 月 14 日

不要拿石头砸使者

为痛苦所作的一切辩护都会激起读者对作者的强烈不满。你们肯定想知道我在经历痛苦，而不是在写有关痛苦的书时的表现。不必猜测，我现在就告诉你，我是个十足的懦夫。可是这与我们要谈的话题有何相干？当我想到痛苦——想到如火一般吞噬着我的忧惧，如沙漠一般绵延的孤独，日复一日一尘不变的令人心碎的伤痛，或是想到使我们眼前的一切暗淡无光的麻木的疼痛，那些只需一击便足以使人心失去知觉的突如其来的令人恶心的痛苦，那些已经无法忍受、突然间又加剧的痛苦，那些能令一个已经被折磨得半死的人像被蝎子螫了似的疯狂抽搐的剧痛——的时候，痛苦便"战胜了我的灵魂"。我若知道有什么办法可以逃脱，钻阴沟也愿意。可是，把我的这些感受告诉你们有什么意义？你们已经体会到这些感受，这与你们的感受是一样的。我在此不是要辩解说痛苦于人无羔。痛苦带来伤痛，这就是痛苦这个词的含义。

我只是想竭力表明，"因受苦难得以完全"这个古老的基督教教义是可信的。要证明痛苦甘甜可口远非我的心意。

——选自《痛苦的奥秘》

10 月 15 日

一个人的苦难故事

我个人的经历大致是这样的：处在自己惯常的那种堕落、邪恶、心满意足的状态，我沿着自己的生活轨道前行，沉浸在次日与朋友的欢乐聚会，或是今天给我带来虚荣的一小份工作，或度假，或读一本新书之中。突然，一阵剧烈的腹痛袭来，预示着我可能患上了重病，或是报纸上的一个标题让我们大家都感觉到面临着毁灭的危险，顷刻间，整副纸牌都坍塌了。一开始我被震住了，我所有的那些小小的快乐都像玩具一样被摔碎了。慢慢地，极不情愿地，一点一点地，我努力让自己进入我一直都应该处在的那种精神状态。我提醒自己，所有这些玩具从来就不是用来占据我的心思的，我真正的好处是在另一个世界，我唯一真正的财富是基督。靠着上帝的恩典，也许我成功了，有一两天，我成了一个有意识地去依靠上帝、从正确的源头汲取自己力量的受造物。可是，一旦危险退去，我整个的本性又跃回到那些玩具当中。（求上帝赦免！）我甚至急于要把危难中唯一支撑我的东西从头脑中驱逐，因为现在它总让我联想到那几天的痛苦。所以说，苦难是极其必要的，这一点再明白不过了。上帝占据我的心只有四十八小时，而且这只是通过把我其他的一切都拿走才办到的。他刚一收剑入鞘，我就像一只讨厌洗澡的小狗，一出浴就拼命抖干身上的水，飞奔着去重新寻找令我感觉舒适的肮脏——即便不在最近的粪堆里，至少也是在最近的花圃上。这就是为什么上帝不见到我们重生，或者不见到我们没有希望重生，苦难就不会停止。

——选自《痛苦的奥秘》

10 月 16 日

苦难的产物

小说家、诗人倾向于把苦难产生的影响描述成完全是负面的，把受苦者的每一种怨恨和残忍都描述为由苦难所生，因而是合情合理的。当然，像快乐一样，痛苦也可以这样来接受：具有自由意志的受造物所接受的一切东西，必定都有双重不同的意义，这不是由赠予者或赠品的性质决定的，而是由接受者的性质决定的。此外，如果旁观者不断地告诉受苦者，他们表现出的怨恨和残忍是正确的、具有男子气概，那么，痛苦所产生的坏的影响就会成倍增加。对别人遭受的苦难感到不平,虽然是一种慷慨的表现,但需要妥善地加以处理,以免它让受难者悄然失去忍耐和人性,在他们心中种下愤怒和嫉俗。然而,除了这种强行干预、代人感受的愤慨不平,我相信苦难并非天生有导致这类罪恶的倾向。我发现,前线的战壕或战场伤亡人员清理站并没有比其他地方充满更多的仇恨、自私、反叛和不诚实;我在一些遭受巨大苦难的人身上看到了非凡的心灵之美;我看见大部分人随着年岁的增长变得更好,而不是更坏;我也看见临终的疾病在最不可救药的人身上产生出刚毅、温顺等宝贵的品质;我在约翰逊和库珀这样受人尊敬和爱戴的历史人物身上看到了一些品质,如果他们更幸福一些,这些品质就几乎令人无法忍受。倘若世界真的是"塑造灵魂的峡谷",那么总的来说,它似乎尽到了自己的责任。

——选自《痛苦的奥秘》

10月17日

为了创造复杂的善

一个仁慈的人致力于邻人的善,"上帝的旨意"也是如此,有意识地与"简单的善"合作。一个残忍的人压迫邻人,简单的恶也是如此。但是,在作这样的恶时,他被上帝用来产生复杂的善,这种利用他自己不知道,或者未经他的同意。结果,第一个人以儿子的身份侍奉上帝，第二个人作为工具服务于上帝。因为，不管你怎样行动，你都会实现上帝的目的，但是，你是像犹大那样还是像约翰那样侍奉上帝，产生的结果却不同。可以说，这整个体系是被计划用来让好人与坏人之间产生冲突，上帝允许残忍的人残忍是为了结出刚毅、忍耐、怜悯、宽恕这些好果实，这些好果实产生的前提是：好人通常会不断地寻求简单的善。我说"通常"，是因为人有时候有权利去伤害（在我看来，甚至有权利去杀害）他的伙伴。但是这仅限于有这种迫切的需要，所成就的善又很显然，并且通常（虽然不是总是）是施加痛苦的人有明确的权利这样做，如，父母从情理中、执法官或士兵从公民社会中、外科医生从病人那里取得的权利。"因为苦难对他们有益，"就把这种权利转变为给人类施加苦难的总纲领，这实际上并不是破坏上帝的计划，而是自愿在这个计划中扮演撒旦的角色。如果你从事撒旦的工作，你就得准备接受给撒旦的报偿。

——选自《痛苦的奥秘》

10 月 18 日

几座舒适的客栈

我相信基督教关于苦难的教义解释了我们生活的世界中

一个非常奇怪的事实,那就是,我们大家都渴望的永久幸福和安全,上帝利用世界自身的本性留下不给我们,但上帝却在四处播撒高兴、愉快和欢乐。我们从来就不安全,但我们有足够的乐趣,还有一些狂喜。我们不难看出其中的原因。我们渴望的安全会教我们将心思停留在这个世界上,为我们回归上帝树立障碍,而几个幸福相爱的时刻、一片风景、一场交响乐、与朋友的一次欢乐相聚、一次游泳、一场足球赛都没有这种倾向。我们的天父在旅途中安排了几座舒适的客栈让我们恢复精力,但他不会鼓励我们错把客栈当成家。

——选自《痛苦的奥秘》

10月19日

止住一颗牙痛

有人可能要问:通过和平主义废除战争的希望虽然很渺茫,其他希望是否仍然存在? 对这个问题所属的那种思维方式,我发现自己很陌生。这种思维方式假定:只要我们能够找到正确的疗方,人类生活中那些永恒、巨大的痛苦就一定可以治愈。接下来它就开始排除一些疗方,最后得出结论:不管剩下的是什么,不管要证明这东西是一种疗方是如何地不可能,它都必须证明自己是一种疗方。于是就出现了马克思主义者、弗洛伊德主义者、人种改良主义者、唯灵论者、道格拉斯主义者、联邦主义者、素食主义者以及种种其他的狂热主义。但我绝不相信我们能做的事情会消灭苦难。我认为,最大的成就是这样一些人取得的,他们默默地朝着有限的目标——例如,废除奴隶制、监狱改革、工厂法案、结核病等——不停地努力,而不是那些认为自己能够实现普遍正义、健康、和平的人取得的。我认为,生活的艺术在于把当前的每一桩坏事尽可能妥善地解决。通过明智的政策避开或推迟某一场战争,通过力量和技巧缩短某一场战役,通过对被征服者和平民仁慈以减少战争的灾难,比有史以来为实现普遍和平提出的所有建议都更加有用,正如一位止住一颗牙痛的牙医,与所有那些自认为有着某种方案、能够创造一个完全健康人类的人相比,配称更伟大的人。

——选自《荣耀的重负》,"为什么我不是和平主义者"

10 月 20 日

天堂往回产生影响

老师①解释时间:

———————

① "老师"是 19 世纪苏格兰作家乔治·麦克唐纳,文中的阿诺德斯是他的幻想小说《幻境》的主人公。

"孩子"，他说，"你在目前的状态下无法理解永恒：当阿诺德斯透过永恒之门向里观看时，他没有带回来任何信息。但是，如果你说，无论善恶，充分发展之后都要回溯，你就抓住了某个类似永恒的东西。对那些得救的人而言，不仅这座山谷，就连他们在尘世上经历的一切过去都变成了天堂；而在受诅咒的人看来，不仅那个小镇的黄昏，就连他们在尘世上的整个一生那时也都变成了地狱。这正是生命有限的人误解的事情。他们提到世间的某个苦难时说：'任何未来的幸福都无法补偿这点。'他们不知道，一旦到达天堂后，天堂就会往回产生影响，甚至将那份痛苦也转变成一种荣耀。提到某种罪恶的快乐时，他们说：'就让我享受这份快乐吧，我会承担后果。'他们做梦也不大可能想到诅咒会怎样一步步地往回扩展，深入他们的过去，破坏罪带来的快乐。这两个过程甚至在死亡之前就已经开始。好人的过去开始发生变化，结果，他得到赦免的罪以及记忆中的悲伤都具有了天堂的性质；坏人的过去已经与他的坏相应，彻底充满了阴郁。这就是为什么在一切事情之后，当太阳在这里升起、黄昏在那里转为黑暗时，蒙福的人说：'除了天堂，我们在哪儿也没生活过'，堕落的人说：'我们一直在地狱里。'两种人说的都对。"

——选自《天渊之隔》

在世界创造之时就存在

如果仔细分析,我们就会发现,我们大多数的祷告祈求的要么是一桩神迹,要么是一些事件,这些事件在我出生以前,实际上,在宇宙开始之时就必须已经有了基础。但是,对上帝(尽管不是对我)而言,我和我在 1945 年的祷告在世界创造之时就已经存在,和它们现在存在、一百万年以后仍将存在一样。上帝的创造性活动是永远的,永远与其间的"自由"因素相适应,只不过这种永远的适应以前后顺序、祷告和回应的形式与我们的意识相遇。

——选自《神迹》

防范心神不安的措施

[战争期间学者]面对的首要敌人是心神不安,即,在我们本来打算考虑学习时往往去考虑、感受战争。对此,最好的防范措施是:认识到在学习上,如同在其他一切事情上一样,战争实际上并没有为我们树立新的敌人,只不过使原来的敌人变本加厉。总有很多东西与学习竞争,希望占住我们的精

力——我们总是在恋爱或吵架，找工作或担心失业，生病，然后恢复，关注公共事务。如果放任自己，我们就总在等待这个或那个分散注意力的东西过去，然后才真正认真开始学习。唯有那些非常渴望知识，甚至在条件不利时仍然追求知识的人，才能取得很大的成绩。有利的条件从来就不会有。当然，会有一些时刻，心神不安的压力非常之重，只有超人的自制力才有可能抗拒。这样的时刻在战争与和平时期都会出现，我们必须尽自己最大的努力。

——选自"战时学习"（《荣耀的重负》）

10 月 23 日

防范沮丧的措施

［战争期间学者］面对的第二位敌人是沮丧，即，认为自己没有时间去学完一切。如果我对你说：谁都没有时间去学完一切，最长寿的人在任何一门分支学科都只是一位初学者，你可能认为我在谈一个非常学术性、理论性的东西。如果你知道一个人多么快就开始感觉到生命的短暂，有多少事情我们甚至还在中年时就不得不说"没有时间做"、"现在太晚了"、"不适合我做"，你会非常惊讶。然而，天性本身不让你这样谈自己的经历。一种更符合基督教的态度是，将未来放在上帝

的手中。人在任何年龄都可以持这种态度。还是将未来放在上帝的手中好，因为，不管我们放不放，上帝都绝对把握着我们的未来。无论在和平还是战争时期，永远都不要把自己的德行或幸福寄托于未来。工作得最开心的人是那种不是特别看重自己的长期计划，而是不停地工作，"仿佛为主"工作的人。上帝鼓励我们向他祈求的只是日用的饮食，①义务的履行、恩典的获得都只在当下。

——选自"战时学习"（《荣耀的重负》）

10 月 24 日

防范恐惧的措施

[战争期间学者]面对的第三位敌人是恐惧。战争以死亡和痛苦威胁着我们，对此，任何人，尤其是记得客西马尼园②的基督徒，都不必竭力表现出不为所动、泰然自若，但我们可以防止想象产生的错觉。我们想到华沙的街道，把在那里遭受的死亡与所谓"生命"这样一个抽象概念进行对比，但是，对任何人来说，不存在死或生的问题，只存在这种死法或那种死法的问题——是现在中一颗机关枪子弹身亡，还是四十年后

① 参见《马太福音》6:11，"我们日用的饮食，今日赐给我们。"
② 耶稣被捕前祷告之地。

患癌症死亡。战争给死亡带来了什么影响？战争没有增加死亡的频率，人百分之百都有一死，这个百分比不可能上升。战争确实将一些死亡提前，但我认为，这基本上不是我们所畏惧的。当那一刻到来时，我们无论活了多少年都没有什么区别。那么，战争增加了痛苦死亡的概率了吗？对此我表示怀疑。据我考察，我们在所谓的自然死亡之前通常都有痛苦，而战场是少有的几个地方之一，在此一个人可以有理由期望毫无痛苦的死亡。那么，战争降低了我们平静地回归上帝的概率了吗？我无法相信这点。如果志愿从军没有促使一个人作好死亡的准备，那么，我们还能想到什么有关的情境可以让人作好准备呢？然而，战争确实给死亡带来了影响，它迫使我们记住死亡。六十岁患癌症、七十五中风并不让我们感到紧张，唯一的原因在于我们会忘记这些事。

——选自"战时学习"（《荣耀的重负》）

10 月 25 日

死亡是真实的

战争使死亡在我们面前成为现实，这在过去会被大多数伟大的基督徒视为战争带来的一大幸事，因为他们认为，人时刻意识到自己生命有限是一件好事。我也倾向于认为他们是对的。我们里面的一切动物性的生命、一切以此世为中心的有关幸福的计划，从来都注定最终要失败。在平常年代只有智慧的人才能意识到这点，而现在连最愚蠢的人也知道。我们清楚明白地看到，我们一直生活在其中的那种宇宙，我们必须向它妥协。如果我们过去曾经对人类文化抱有愚蠢的、非基督教性质的希望，这些希望现在都破灭了；如果我们过去认为我们正在地上建立天堂，如果我们过去寻找某个东西，想让现世由朝圣之地变为使人类灵魂感到满足的永恒之城，那么，现在我们的幻想破灭了。破灭得正是时候。但是，如果我们过去认为，有些时候，对有些人而言，以谦卑之心奉献给上帝的、学习的一生，从其自身小小的意义上来说，就是一条指定的通往我们希望来世能够享有的神圣实在和神圣之美的途径，那么，我们现在仍然可以这样认为。

——选自"战时学习"（《荣耀的重负》）

10月26日

上帝怎样回应祷告

私酷鬼上了一节短课，谈论时间和永恒：

但是，你一定要记住，他把时间看成一个终极实在。他以为"敌人"像他一样，把有些事看成现在，把另外一些事记作过去,再把有些事盼望为未来。即便他相信"敌人"不是那样看待事物,在内心深处他仍然认为,这是"敌人"认识方式的一个独特之处。他不是真的认为(虽然他会说他真的认为)"敌人"眼中的事物就是现在的事物!如果你竭力向他解释说:人今天祷告,上帝就会使明天的天气与之相符,明天的天气与之相符的事情有无数件,人今天的祷告只是其中之一,他会回答说:"敌人"一向知道人会这样祷告,如果这样的话,人就不是自由地祷告,而是事先就被预定了要这样祷告。紧接着他还会说:具体哪一天的天气,其原因可以追溯到物质自身最初的创造。结果,无论在人这一方,还是在物质那一方,整个事情都是"一言资始"。当然,他应当说的话我们很清楚,使具体的天气与具体的祷告相符这个问题,只是使整个精神世界与整个物质世界相符这整个问题的表象。创造作为一个整体发生在空间和时间的每一个点上,或者说,在面对整个的、前后相贯的创造性行为时,人的那种意识使得他们把它当作一系列先后相继的事件来看待。这个创造性的行为为什么要给人的自由意志留下空间,这是难题中的难题,是隐藏在"敌人"关于"爱"的那一套鬼话背后的秘密。这个创造性的行为怎样给人的自由意志留下空间,却根本不是个难题,因为"敌人"并不是在未来预见人自由地参与,他是在无限的"现在"中看到他们这样做。很显然,看一个人做一件事并不是强迫他做这件事。

——选自《魔鬼家书》

对时间的再思考

我想解决一个与祷告有关的难题。有一个人这样对我说:"我完全可以相信上帝,但是,认为上帝可以同时倾听几亿人对他说话,这个我难以接受。"我发现很多人都有这种想法。

现在首先要注意的是,这个难题的关键集中在"同时"二字上。大多数人都能够想象,只要祷告的人一个接一个地来,上帝就可以倾听他们,不管祷告的人数有多少,上帝都有无尽的时间来倾听他们。所以,位于这个难题背后的实际上是上帝必须把太多的东西纳入到一刻中来这一想法。

这当然是我们的经验。我们的生活一刻接一刻地到来,这一刻消逝,下一刻到来,每一刻只能容下很少的事。时间就是这样。所以,你我往往想当然地认为,这个时间系列,即过去、现在和未来的排列不仅是我们的生活到来的方式,也是一切事物实际存在的方式。我们很容易想当然地认为,整个宇宙以及上帝自己都和我们一样,总是从过去不断地走向未来。

——选自《返璞归真》

我们参与决定宇宙的面貌

当我们为一场战役或一次看病的结果祷告时,有一个念头常常闪过脑际,那就是,这件事情实际上已经决定了,结果不是这样就是那样(只是我们不知道而已)。我认为这决不应当成为我们停止祷告的理由。这件事情确实已经决定了,在某种意义上说"在万世以前"就已经决定了,但上帝在决定这件事情时考虑的因素之一,因而也是确实导致这件事情发生的因素之一,或许正是我们此刻献上的祷告。所以,尽管听起来也许让人吃惊,但我仍然要下这样的结论:上午十点钟发生的事情可能部分是由于我们中午所做的事情引起的。(有些科学家可能比普通大众更容易理解这一点)。毫无疑问,在这点上想象力会竭力用各种各样的手段来愚弄我们。它会问:"那么,如果我停止祷告,上帝能返回去改变已经发生的事情吗?"能。这件事已经发生,其原因之一是你不在祷告,而是在问这样的问题。它还会问:"那么,如果我开始祷告,上帝能返回去改变已经发生的事情吗?"能。这件事已经发生,其原因之一就是你现在的祷告。所以,确实有东西取决于我的选择。我的自由行动参与决定宇宙的面貌,这种参与在永恒之中或者说"在万世以前"

就已经发生，但我是在时间系列的一个具体的点上才意识到这种参与。

——选自《神迹》

10月29日

不是一部正在放映的电影

我们千万不要把命运想象成一部电影，大多数时候在独自放映，有时候也允许我们的祷告在其中插入一些额外的内容。相反，电影在放映过程中向我们展示的内容，已经包含了我们的祷告以及我们一切其他行为的结果。不存在一件事是否因为你的祷告而发生这样的问题。当你祈求之事发生时，你的祷告其实一直就在促成它的发生；当相反之事发生时，你的祷告也从未被忽视，上帝考虑了你的祷告，但是，为了你最终的利益和整个宇宙的利益，他拒绝了你的祷告。（例如，别人——包括坏人——应该运用自由意志，因为，这比为了保护你免遭背叛和残忍的行为而将人类变成机械行动的人，从长远来看对你和其他所有人更有益。）但是，这是且必须是一件关系到信心的事情。如果你试图去找一些特别的证据，说明在有些情况下比其他情况下更需要信心，我想，你只是在欺骗自己。

——选自《神迹》

10月 30日

我们最渴望的快乐

　　乐园里的人总是选择顺服上帝的旨意,在顺服上帝旨意的同时,他自己的欲望也得到了满足。这既是因为上帝向他要求的一切行动与他纯洁的爱好实际上是一致的,也是因为侍奉上帝本身就是他最渴望得到的快乐,没有后者为其核心,一切快乐在他看来都索然无味。"我是为上帝做这件事,还是仅仅因为我碰巧喜欢才做这件事?",这个问题在乐园里不存在,因为,为上帝做事就是他主要"碰巧喜欢"的事情。指向上帝的意志驾驭着他的快乐,就像驾驭一匹调教得很好的马;相反,我们的意志在快乐时被快乐冲走,就像一只船在湍急的溪流中飞驰而去。在乐园里,快乐是蒙上帝悦纳的奉献,因为在那里奉献是一种快乐。

——选自《痛苦的奥秘》

10月 31日

站在敌人的立场上

私酷鬼扭曲快乐这份天赐的礼物:

　　永远不要忘记,当我们对付任何性质上健康、正常、令人满意的快乐时,在某种意义上说,我们是站在敌人的立场上。我知道,借助快乐,我们已经赢得了很多灵魂,但快乐毕竟是"敌人"的发明,不是我们的。他创造了种种快乐,迄今为止,我们的一切研究都还没有能够创造出一种快乐。我们所能做的只是:怂恿人类在"敌人"禁止的时间,以"敌人"禁止的方式,或是在"敌人"禁止的程度上,享受"敌人"创造的快乐。所以,我们一直在努力使各种快乐离开它的正常状态,转变到最不正常、最不能令人愉悦、最令人难以联想到其创造主的状态。我们的配方是:对不断减少的快乐,有不断增长的渴望。这个配方更可靠,形式更好。不付任何报酬就得到一个人的灵魂,这才真正令我们的父亲欢欣。情绪低潮是我们启动这一过程的大好时机。

——选自《魔鬼家书》

十 一 月

真正的快乐

"病人"忏悔时,私酷鬼概括了瘟木犯下的大错:

> 据你自己所说,首先,你让"病人"读了一本他真心喜欢的
> 书,他读这本书的原因是他喜欢,而不是为了在新朋友面前作
> 一番精辟的评价。其次,你允许他散步去了那座老磨坊,在那
> 儿喝茶,那是他喜欢的乡间散步,而且是独自散步。换句话
> 说,你允许他享受了两种真正的、有益的快乐。你竟然无知到
> 这等地步,看不出这样做的危险性吗? 痛苦和快乐的特征就
> 在于它们绝对是真实的,因此,就其本身而言,给了有这两种
> 体验之人一个检验现实的试金石。因此,如果你原来一直竭
> 力想通过浪漫派的手段毁灭你的"病人",使他像蔡尔德·哈
> 罗德或沃瑟那样沉浸在对想象的痛苦的自怜之中,你现在就

应该不惜一切代价竭力保护他免遭一切真正的痛苦。因为五分钟真实的牙痛必然会揭穿你的全部诡计,让他明白那些想象的痛苦都是愚蠢的。可是,你却一直竭力想通过世俗来毁灭他,也就是说,通过利用欺骗的手段,把虚荣、忙乱、讥讽、奢侈的沉闷当作快乐兜售掉。你怎么会不明白,真正的快乐是你最不应该让他遇见的?你难道没有预见到,通过对比,它会把你一直如此努力教他看重的那些虚有其表的东西统统废去吗?你没有预见到,那本书和那次散步给他带来的快乐是最危险的吗?你没有预见到,那种快乐会把你长期以来在他的感觉上形成的那层外壳揭掉,使他感到自己正在回归,又恢复到原来的自己吗?你以前想使他远离自己,为他远离"敌人"作准备,在这方面你已经取得了一些进展,可是,现在一切都前功尽弃了。

——选自《魔鬼家书》

11月2日

原材料

私酷鬼告诫允许个人小小的快乐可能产生的危险:

一个人最大的爱好和最强烈的冲动是敌人用来装备他们的原材料和起点,因此,只要让一个人摆脱了这些东西,你就赢得了一分。哪怕在一些无关紧要的事情上，用我们这个世界的标准、习俗或时尚，取代一个人自己真正的爱好和恨恶都永远是可取的。我自己会将此推至极致，我的"病人"一切强烈的个人爱好，只要实际上不是罪，哪怕只是喜欢板球、集邮、喝可可茶这类非常微不足道的事情，无一例外我都要一概根除。我承认，这类东西本身毫无美德可言，但其中蕴含着一种单纯、谦卑和忘我，这是我不能放心的。一个人真心地喜欢世界上的某个东西，不为任何私利，只为这东西本身，毫不在乎别人对此的评价，这一事实本身就事先将他武装起来，抵御我们的一些最巧妙的进攻方式。你应该不断努力，使这个病人放弃他真正喜爱的人物、食物、书籍，去选择"最好的"人物、"合适的"食物、"重要的"书籍。我认识一个人，他因为更爱牛肚和洋葱，竟然抵制了追求社会抱负的强烈诱惑。

——选自《魔鬼家书》

11 月 3 日

科学理论

我们的时代难道已经到了这种地步：现代自然主义整个庞大的体系不是依靠实证，仅仅依靠先验的形而上学的偏见吗？这个体系是用来排斥上帝，而不是获取事实吗？但是，即便严格的生物学意义上的进化有（比这）更充分的理由……（我认为它必须有更充分的理由），我们也应该将这种严格意义上的进化与现代思想中所谓的宇宙进化论区别开来。宇宙进化论一词在这里指的是这样一种观念，即，宇宙发展的模式是从不完善到完善，从小的开端到大的结局，从基本到复杂。这种观念使人们很自然地认为，道德源于原始的禁忌，成人的多愁善感源于婴幼儿时期的性失调，思想源于本能，思维源于物质，有机物源于无机物，宇宙源于混沌。这或许是当今世界最根深蒂固的思维习惯，但在我看来，这种观念毫无道理，因为它使自然的大致进程与我们观察到的那部分自然相去甚远。

——选自"神学是诗吗?"(《荣耀的重负》)

11 月 4 日

科学观察

大家还记得那个古老的难题吗:是先有蛋后有鸡,还是先有鸡后有蛋? 现代对宇宙进化论的默许是一种视觉上的错觉,这种错觉是由于只专注于鸡从蛋中孵出来导致的。从童年时代起,人们就让我们观察纯种的橡树如何从橡实中长起来,却让我们忘记了橡实本身就是从一棵纯种的橡树上落下的。人们不断地提醒我们，成年人以前是一个胚胎，却从来不提醒我们，胚胎的生命来自两个成年人。我们乐意注意到今天的快速列车是"发动机"的后裔，但我们没有同样记住"发动机"不是源于某个更原始的机车，而是源于比它完美复杂得多的东西——天才的人。大多数人似乎认为自然进化论这一观点是显而易见或自然的，而那种显而易见或自然似乎纯粹是一种幻觉。

——选自"神学是诗吗？"（《荣耀的重负》）

11月5日

科学还是巫术？

为了换取能力，人拱手把一样又一样的东西、最后连同自己交给了自然，我已经把这个过程描述为"巫师的交易"。我说这话是当真的。过去巫师做不到的事情，科学家已经做到了，这使二者在普通大众的思想中形成了如此强烈的反差，以至科学诞生的真正来历被人误解了。你甚至会看到这样一些人，他们在写十六世纪的事情时，把巫术写成仿佛是中世纪的幸存物，把科学写成是来扫荡巫术的新事物。研究这段历史的人对此更清楚一些，中世纪巫术很少，十六、十七世纪巫术的发展则如日中天。严肃的巫术活动和严肃的科学活动是孪生兄弟，只不过一个生病死了，另一个体格健壮，茁壮成长。但二者仍是孪生兄弟，诞生于同一种冲动。我承认，有一些（当然不是所有的）早期的科学家纯粹是出于对知识的热爱，但如果从那个时代的整体特征来考虑，我们就能够看出我所说的那种冲动。

某个东西使巫术和应用科学相连，而将二者与古代的"智慧"区别开来。对古代的智者来说，主要的问题是如何使灵魂与现实一致，解决的途径是知识、自律和美德。对巫术和应用科学来说，问题同样都是如何使现实服从于人的愿望，解决的途径都是技术，二者在应用技术时都随时准备做一些迄今为止仍被视为邪恶可憎之事，例如，挖掘、解剖死尸。

——选自《人的废除》

11 月 6 日

从睡梦到清醒

我是这样区别睡梦和清醒的，即，当我清醒时，我能在某种程度上解释、研究我的梦。昨夜梦中追我的那条龙可以纳入到我清醒的世界中来，我知道有梦这类的事情，知道我昨夜睡前吃了一顿不易消化的晚饭，知道和我读同类书籍的人是有可能梦见龙的，然而，在梦魇中我不可能将我清醒时的经历纳入进去。我们断定清醒的世界更真实,是因为它能够容纳睡梦的世界;我们断定睡梦的世界不那么真实,是因为它不能够容纳清醒的世界。因为同样的缘故,我确信在从科学观转变到神学观时,我已经从睡梦转变到清醒。基督教神学能够容纳科学、艺术、道德以及接近基督教的宗教,科学观则不能容纳这其中的任何一种,甚至连科学本身也不能容纳。我相信基督教,就像我相信太阳已经升起,这不仅是因为我看见了太阳,而且还因为通过太阳,我看见了其他一切。

——选自"神学是诗吗?"(《荣耀的重负》)

11 月 7 日

连左脸也转过来由他打?

"连左脸也转过来由他打,"[①]这条诫命有三种解释。第一种是和平主义者的解释,这条诫命指的就是它字面的意思,它给所有人加上了一份义务——在任何情况下都不反抗。另一种解释将这一诫命降到了最低程度:这条诫命指的不是其字面意思,只是东方文化中一种夸张的说法,教导人应该多容忍、宽容。我和你们大家都拒绝接受这种观点。于是,在和平

---

① 参见《马太福音》5:39,"只是我告诉你们:不要与恶人作对。有人打你的右脸,连左脸也转过来由他打。"

主义者的解释和我现在即将提出来供大家思考的第三种解释之间就产生了冲突。我认为，这段经文指的就是它字面的意思，但在那些显然例外（每位听众无须别人告诉，就自然地认为是例外）的情况下有一点保留，这点保留是可以理解的。……也就是说，在一种情况下，如果涉及的只是邻人对我的伤害，以及我想要报复的欲望，我认为，基督教的诫命要求我们绝对抵制那种欲望。我们决不能对我们内心深处的那个声音让步："他这样对待我，所以我也要这样对待他。"

——选自"为什么我不是和平主义者"（《荣耀的重负》）

11 月 8 日

"连左脸也转过来由他打"不意味着什么

但是，你一旦引进其他因素，问题当然就改变了。如果一个嗜杀成性的疯子在追杀一个人，他用力地撞我，让我别挡住他的道，你们认为，耶稣的听众会把他的话理解成：我应该站到一边，让他抓住他想杀的人吗？我绝不认为他们会这样理解耶稣的话，同样，我也不认为他们会把耶稣的话理解为：抚养孩子的最好方式就是让孩子发脾气时可以随时打父母，或是在他得寸后还要让他进尺。我认为耶稣这番话的意思非常清楚——"如果你仅仅因为受到伤害而愤怒,那么,你就要抑制愤怒,不要反击。"——即便你可能认为:就我是一名受到平民攻击的地方行政长官,或是受到孩子攻击的父母,或是受到学生攻击的老师,或是受到疯子攻击的正常人,或是受到公敌攻击的士兵而言,我有很不一样的义务。不一样是因为可能有其他目的,而不是为了自私自利的反击报复。

——选自"为什么我不是和平主义者"(《荣耀的重负》)

11月9日

美德的考验点

私酷鬼权衡他的选择:

这是一件棘手的事。我们已经让人类为大多数的罪而自豪,但没有让他们为怯懦而自豪。每当我们在这方面差不多取得成功时,敌人就允许一场战争、一次地震或其他某种灾难发生,勇敢在人类的眼中立刻显得格外地宝贵可爱,结果,我们一切的工作都前功尽弃,因为,至少还有一种罪恶他们真正地引以为耻。因此,引诱病人怯懦,其危险在于,我们可能会导致他们认识自我、厌恶自我,并因此忏悔,变得谦卑。实际上,在上一次战争中,数以千计的人就因为发现自己怯懦,首次发现了整个道德世界。在和平时期,我们可以让他们当中很多人彻底忽视善和恶，但在危险时刻，善和恶的问题以一种伪装的面目出现，敌人逼着他们去正视它，连我也无法蒙蔽他们。在这点上，我们面临着一个十分严峻的困境：如果我们在人类中倡导正义和博爱，我们就直接干了使敌人获益的事；可是，如果我们引导人类从事相反的行为，这迟早会导致（因为敌人允许这样的行为导致）战争或革命，"是怯懦还是勇敢？"这个无法掩饰的问题就会将数以千计的人从道德的昏睡中唤醒。

实际上，这很可能就是敌人创造一个危险世界的目的之一。只有在这样的世界，道德问题才真正至关重要。他和你一样看得很清楚，勇敢不仅是一种美德，它还是每一种美德在考验点上、也就是在最高的现实点上的表现形式。向危险妥协的贞洁、诚实、仁慈，只是有条件的贞洁、诚实、仁慈，彼拉多在仁慈对他构成危险之前一直就很仁慈。

——选自《魔鬼家书》

11 月 10 日

怎样使人成为懦夫

私酷鬼解释了引诱人怯懦的技巧：

要点是：预防措施往往会增添人的恐惧。然而，公开叮嘱你的"病人"的预防措施很快就会变成一件惯例,其作用也就消失。你应当做的就是,(在他有意识地打算尽自己义务的同时),让他总是隐隐约约地想着他的义务范围内那些他能够或不能够做到的事情,这些事情似乎使他感觉安全一点。让他的思想离开这条简单的原则——"我必须留在这里,做这几件事",让他进入一系列想象的生活流水线——"假如 A 发生了(虽然我决不希望它发生),我还可以做 B;假如最坏的事情发生了,我总还可以做 C。"迷信即便本身得不到承认,至少还可以被唤醒。关键是让他始终觉得自己有个东西可以依靠,这东西不是"敌人"和"敌人"提供的勇气。于是,原本对义务的尽心尽责,内中就充斥了一些无意识的小小的保留。通过逐步建立起一系列想象的应急措施,预防"事态往最坏的方向发展",你就可以在他没有意识到的意志层面,让他认定最坏的事情决不会发生。然后,在真正的恐怖到来的那一刻,将恐怖猛地推入他的五脏六腑,在他还没有明白是怎么回事之前,你就完成了这一致命的一击。要记住,怯懦的行为才是最重要的。恐惧感本身不是罪,虽然这种感觉也令我们非常高兴,但对我们没有任何好处。

——选自《魔鬼家书》

对和平主义政治所作的逻辑推论

战争即便不是最严重的,至少也是一桩严重的罪恶,所以,倘若可能,我们都愿意消除战争。然而,每一场战争只会导致另外一场战争,所以,我们必须努力去消除战争,必须通过舆论宣传来增加每个国家和平主义者的人数,直到这个人数多到能够阻止该国参战的地步。在我看来,这是一项不切实际的工作。只有自由主义的社会才能容忍和平主义者,在自由主义的社会中,和平主义者的人数要么很多,足以阻止自己的国家成为交战国,要么不够多,不足以阻止。不足以阻止则一无所成;人数若足够多,则容忍和平主义者的国家就被交到了不容忍和平主义者、实行极权主义的邻国手里。这种和平主义正径直滑向一个将没有任何和平主义者存在的世界。

——选自"为什么我不是和平主义者"(《荣耀的重负》)

权衡代价

我们仍然需要问这个问题,那就是,如果我仍然是和平主义者,我是否应该怀疑自己受到了什么感情的潜在影响? ……

首先我要说，我认为在座的没有哪一位比我更胆小。但我也要说，世界上没有哪一个人德性如此之高，以至于有人请他考虑一下自己在面临大喜大悲的抉择时是否会产生扭曲的情感，他就认为自己受到了侮辱。我们不要弄错了，一位正在服役的士兵，他的生活集中了我们从种种苦难中经历到的所有恐惧。这种生活像疾病，使你面临着痛苦和死亡；像贫穷，使你面临着恶劣的住所、寒冷、炎热、饥渴；像奴役，使你面临着劳苦、羞辱、不公正、任人支配；像流放，使你和所爱的人分离；像监牢，将你禁锢在狭窄的空间内，与一群意气不相投的人在一起。这种生活使你面临着除耻辱和永劫之外的世俗的每一种罪恶，忍受这种生活的人和你一样也不喜欢这种生活。另一方面，虽然这也许不是你的过错，但和平主义几乎不会让你面临任何危险，这却的确是个事实。是的，你可能会受到一些人公开的轻蔑。对这些人的观点你持怀疑的态度，你也不常与他们来往，这种轻蔑很快就通过双方的相互认可得到补偿，这种相互认同不可避免地存在于一切少数派群体之间。至于其他事，和平主义会让你继续在自己熟悉、热爱的人与环境中过你熟悉、热爱的生活。和平主义给你时间，让你为事业打下基础，因为，不管你是否愿意，你都会不由自主的得到那些退伍的士兵将来有一天只会徒劳寻找的工作。你甚至不必像上次战争中的和平主义者那样，害怕和平到来的时候公共舆论会讨伐你。因为我们现在已经知道了，这个世界虽迟于宽恕，却疾于忘记。

——选自"为什么我不是和平主义者"（《荣耀的重负》）

11 月 13 日

掂量地狱的苦难

老师对地狱的苦难和天堂的欢乐提出了自己的看法：

"所有的地狱加起来都不及你们尘世上的一块石子，但在这个世界，在真实的世界，它还不及一颗原子。瞧那只蝴蝶，即便它吞下了整个地狱，地狱也不足以大到对它造成什么危害，或产生什么滋味。"

"老师，当你在地狱里时，地狱可显得真够大的。"

"可是，若把地狱中包含的一切孤独、愤怒、仇恨、嫉妒、渴望揉合进一种体验当中，放到天平里与天堂中最小的人感受到的最短暂的欢乐进行比较，这些东西的重量完全可以忽略不计。坏事在表现自己是坏这方面，甚至都不及好事表现自己是好显得真实。如果所有地狱的苦难都一起进入停在那边树枝上那只黄鸟的意识中，这些苦难全都会被吞下去，不留任何痕迹，就像一滴墨水落入了那个大洋之中，你们地球上的太平洋也不过是这个大洋的一个分子。"

——选自《天渊之隔》

11月14日

关于天堂和尘世

我相信,任何一位到达天堂的人肯定都会发现,他原来放弃的东西(甚至在他剜出右眼①时放弃的东西)都没有失去;他真正寻求的东西,哪怕他在最堕落的愿望中寻求的东西,其要素都出乎意料地在那里,在"高处的国度"中等待着他。在这个意义上,那些已经走完了这段旅程的人(而不是其他的人)说善就是一切、天堂是最佳美之处,是对的。然而,在路途这端的我们千万不要企图盼望这种回溯的景象。否则,我们就可能接受那种错误的、灾难性的、相反的观点,幻想着一切都是善、处处是天堂。

你会问:可是,尘世是什么?我想,任何人都会发现,尘世最终不是一个非常明确的地方。我认为,如果你选择了尘世而没有选择天堂,尘世会证明自己从开始就一直只是地狱的一部分;如果你视尘世次于天堂,尘世会证明自己从一开始就一直是天堂的一部分。

——选自《天渊之隔·前言》

---

① 参见《马太福音》5:29,耶稣说:"若是你的右眼叫你跌倒,就剜出来丢掉,宁可失去百体中的一体,不叫全身丢在地狱里。"

11 月 15 日

没有巧克力？

《圣经》，甚至整个基督教，无论从字句还是精意上都禁止我们认为，新天地里的生活将是包含两性的生活。这就将我们对新生活的想象减少到只有两种可能性：要么是几乎无法认出是人体的身体，要么是永久的斋戒。至于斋戒，我想我们现在的看法可能与小男孩相似。当你告诉一个小男孩性行为是肉体最大的快乐时，他立刻就会问你们是不是在吃巧克力，当听说"不"时，他就可能认为性生活的主要特征就是没有巧克力。当你向他解释说，两个沉浸在肉体极乐中的爱人不关心有没有巧克力，因为他们有更好的东西可以思考时，你的解释是徒劳的。小男孩知道巧克力，但不知道巧克力之外的有益的东西。我们和他一样，我们知道性生活，除了偶尔瞥见之外，我们不知道天堂里那个另外的东西，它没有给性生活留下空间。所以，在饱足等待着我们的地方，我们却预料着斋戒。在否认我们现在所理解的性生活是终极至福的一个组成部分时，我们当然不必认为两性的区别就消失了。从生物学的角度看不再需要的东西，因其卓越，还有望存留下来。性既是贞洁的重要因素，也是婚姻美德中的重要因素，没有人会要求男人或女人把他们得胜的武器扔掉。只有失败者、逃亡者才会扔掉自己手中的剑,胜利者则收剑入鞘,把它保留下来。用"超性的"这个词来描述天堂里的生活,比用"无性的"更好。

——选自《神迹》

11月16日
逐渐变化

那些已经在上帝面前获得永生的人无疑很清楚,永生决不是贿赂,而正是他们在尘世作门徒的结局。但是,我们这些还没有获得永生的人不可能通过同样的方式认识到这点。我们只有继续顺服,在对终极奖赏的渴望不断增长的同时,看到顺服带来的最初奖赏,才能开始认识这一点。随着这种渴望的增长,我们的这种感觉,即,担心它是一种唯利是图的渴望,也会相应地逐渐消失,最终我们会认为,这种担心是荒谬的。然而,对大多数人来说,这种情况不会在一天内发生。正如潮汐逐渐推起搁浅的船只、诗歌逐渐取代语法、福音逐渐取代律法一样,渴望逐渐改变顺服。

——选自"荣耀的重负"(《荣耀的重负》)

美好秘密的渴望

在谈到我们对自己遥远国度的渴望时（我们甚至现在就能在自己身上看到这种渴望），我有一种顾虑。我差不多在做一件很不礼貌的事，我正在竭力揭开你们每个人都有的、别人无法触及的秘密。这个秘密让你受到很大的伤害，以致你称之为怀旧、浪漫主义、青春期，用这样的方式来报复它；这个秘密浸彻着甜蜜，以致在亲密的交谈中提到它时，我们变得非常尴尬，假装嘲笑自己；这个秘密我们虽然想隐藏、想诉说，但都无法做到。我们无法诉说是因为，它是对我们实际上从未经历过的一种东西的渴望；我们无法隐藏是因为，我们的经历总是不断地使人联想到它，我们就像恋人，一提到一个名字就泄露了自己的秘密。我们最常用的权宜之计就是称它为美，仿佛这样做就把事情解决了。……我们一旦将美归之于我们原以为美所在的那些书籍或音乐，这些书籍或音乐就会泄露我们的秘密：美不在它们之中，只是藉它们而来，藉它们而来的是渴望。这些东西——美、对我们自己过去的记忆——是我们真正渴望之物的影像，如果被误认为是事物本身，它们就变成了愚蠢的偶像，让崇拜者伤心欲绝。因为，它们不是那个事物本身，只是一种我们未曾见过的花的香味，一首我们未曾听过的曲调的回声，一则我们未曾去过的国家里传来的消息。

你认为我是在试图编造咒语吗？也许是的。但是，别忘了你们的童话，咒语既可以用来招致魔法，也可以用来破除魔法。

——选自"荣耀的重负"（《荣耀的重负》）

11 月 18 日

干得好

接下来我要谈谈荣耀这个概念，这个概念在《新约》和早期基督教著作中无疑是非常重要的。拯救常常与棕树枝、冠冕、白衣、宝座及太阳、星星这样的光辉之物联系在一起，所有这一切对我根本没有任何直接的吸引力，在这方面，我认为自己是个典型的现代人。荣耀让我联想到两种意思，一种意思是坏的，另一种则是荒谬的。在我看来，荣耀要么意味着名望，要么意味着发光。至于前者，既然著名意味着比别人更出名，在我看来，渴望名望就是一种喜欢争竞的情感，因而属于地狱而不属于天堂。至于后者，谁会希望自己成为一种活的电灯泡？

当我开始研究这个问题时，我非常惊讶地发现，弥尔顿、约翰逊、托马斯·阿奎那这样一些彼此迥然相异的基督徒竟然都明确地把天国的荣耀理解为名望或好名声。但这种名望不是我们人所赋予的，它与上帝相连，是上帝的赞许，（我也许可以说），是上帝所"欣赏"的。后来，通过反复思考我明白了，这种观点是《圣经》的观点，没有什么能将那个比喻中①上帝的赞赏抹去："好，你这又良善又忠心的仆人。"明白了这点，我一生中一直在思考的很多问题都像纸牌搭成的房子一样倒塌了。

——选自"荣耀的重负"（《荣耀的重负》）

11 月 19 日

完美的谦卑

我忽然想起，人若不像小孩子就不能进天国。在孩子——好孩子，而不是自负的孩子——身上，没有什么比他受到赞扬时表现出的毫不掩饰的巨大快乐更明显的了。这不仅在孩子身上，甚至在狗或马身上也是如此。显然，我过去误以为谦卑的东西，这些年来妨碍了我去理解那些实际上最谦卑、最像孩子、最具有受造物特性的快乐，还有，地位低下的人或动物所特有的快乐，如，动物在人面前、孩子在父亲面前、学生在老师面前、受造物在造物主面前的快乐。我没有忘记，这种最纯真的渴望在我们人类强烈的欲望中遭到了怎样可怕拙劣的模仿。我也没有忘记，在我自己的经历中，我有义务令有些人高兴，我从他们的赞扬中得到的应有的快乐很快就变成了

---

① 参见《马太福音》25：14—23 按才受托的比喻。

致命的、有害的自我欣赏。然而我想，在这种事发生之前，我能够找到一个时刻，一个非常非常短暂的时刻，我因令那些我应当爱、应当敬畏的人高兴而获得的满足感是纯真的。这就足以将我们的思想提高到对这一问题的思考，即，当得救的灵魂完全出乎她的期望与相信，最终得知自己已经达到了她作为被造物的目的——令上帝高兴时，会发生什么事。那时她的心中将没有虚荣，她不会产生这是她自己的作为这种可悲的幻想。她没有丝毫我们现在应该称为自我认可的感觉，只会带着一颗最单纯的心，为上帝让她成为这个样子而欢欣，使她过去的自卑情结得到永久治愈的那一刻也会将她的骄傲淹没得无影无踪。完美的谦卑无需谦虚。如果上帝对这幅作品感到满意，作品也可以对自己感到满意，"她不应该推却至高者对自己的赞扬。"

——选自"荣耀的重负"（《荣耀的重负》）

11 月 20 日

应许荣耀

我能想象，有人会说他讨厌我的这种观点，即，把天国看成是我们受表扬的地方。但在这种讨厌的背后是骄傲的误解。最终，那张要么是宇宙的快乐、要么是宇宙的恐惧的面孔,要带着这种或那种的表情转向我们,或赐给我们无法述说的荣耀,或加给我们永远无法除去或掩饰的羞辱。前几天我在一本杂志上读到这样一句话:最重要的是我们如何看待上帝。上帝作证,决非如此!上帝如何看待我们不仅更重要,而且要重要无数倍。实际上,如果我们如何看待上帝与上帝如何看待我们无关,我们如何看待他就根本不重要。《圣经》上写到我们将来都要"站立在上帝面前",都要出现,接受上帝的检阅。荣耀对我们的承诺几乎是令人难以置信的,只有藉基督的工作才可能实现,这个承诺就是:我们当中有些人——任何一位真正作过抉择之人,都会在这次检阅后幸存下来,都会得到上帝的认可,都会令上帝高兴。令上帝高兴……真正成为上帝福乐的一部分……为上帝所爱——不只是得到上帝的怜悯,而且为上帝所喜悦,就像艺术家喜悦自己的作品、父亲喜悦儿子——这似乎不可能,我们的思想几乎无法承受这份荣耀的重量,或者说重负。但这确实是可能的。

——选自"荣耀的重负"(《荣耀的重负》)

11 月 21 日

偶然听到的信息

我在尝试……描述我们灵性的渴望时,省略掉了这些渴望的一个非常奇怪的特征,我们通常在光明消逝、音乐终止、景色失去神圣的光辉那一刹那注意到这一特征。……有几分钟的时间,我们产生了一种身属那个世界的幻觉,随后清醒过来,发现并不是这么一回事,我们一直就只是旁观者。美露出了微笑,但不是要欢迎我们;她的脸转到了我们这个方向,但不是要看我们。她没有接受我们、欢迎我们、带我们进入舞会,我们想走就可以走,能留就可以留,"无人注意我们。"科学家可能会回答说:我们称作美丽的大部分东西都是无生命的,所以,它们没有注意到我们,这并不太令人惊讶。这样说当然是正确的,但我现在不是在谈有形的物体,而是在谈那个无法描述的东西,有形的物体只是暂时作它的信使。痛苦与那个信息的甜蜜相交织,我们的痛苦部分是由于这个信息似乎很少时候是给我们的,它只是我们偶然听到的东西。

那种痛苦我指的是伤痛,而不是怨恨。我们几乎不敢要求自己被注意,可是,我们渴望自己能够被注意。在这个宇宙中我们被当作陌生人的那种感觉,对得到承认、收到回应、对横亘在我们与现实之间的鸿沟能够得到弥合的渴望,都是我们内心秘密的一部分,别人无法触及。从这个角度看,上帝应许我们的荣耀(上述意义上的荣耀)必定与我们内心深处的渴望密切相关,因为,荣耀意味着在上帝面前有好名声、被上帝接受,意味着回应、承认,意味着欢迎进入事物的中心。我们一生一直在敲的那扇门最终会敞开。

——选自"荣耀的重负"(《荣耀的重负》)

11 月 22 日

最终被召进去

把荣耀描述为被上帝"注意",可能显得很粗俗,但这几乎就是《新约》的用语。与我们期望的相反,圣保罗向爱上帝之人所作的承诺不是这些人知道上帝,而是这些人被上帝所知(林前 8:3)。这是个奇怪的承诺。难道上帝不是自始至终就知道一切吗?这个承诺在《新约》另一段经文中得到了可怕的回应。这段经文告诫我们,当我们最终出现在上帝面前时,每个人听到的可能只是这两句骇人的话:"我从来不认识你们,离开我去吧!"[①]从某种意义上说,我们既可能从无所不在的上帝面前被驱逐,也可能从无所不知的上帝的知识册上被抹去,这一点在理性上无法理解,正如在情感上无法忍受一样。我们可能被绝对彻底地留在外面——被排斥、流放、疏远,最终遭到无法形容的忽视。另一方面,我们也可能被召进去,受到欢迎,得到接受、承认。我

---

① 参见《马太福音》7:23。

们每一天都走在这两种难以置信的可能性的边缘。这样看来，显然，我们终身的怀旧，渴望与宇宙中某个我们现在感到与之隔绝的东西合一，渴望进入我们从外面一直就能看见的那扇门，绝不是精神病者的幻想，而是反映我们真实处境的最准确的指数。最终被召进去既是荣耀和荣誉（超出了我们一切的功德），也是对旧有伤痛愈合。

——选自"荣耀的重负"（《荣耀的重负》）

11月23日

想进天国是错误的吗？

如今我们甚至羞于提到天国，我们担心那种对"天上的馅饼"的嘲笑，担心别人说我们企图逃避在人间建立幸福世界的义务、沉浸在对别处幸福世界的幻想之中。然而，"天上的馅饼"要么存在，要么不存在。如果不存在，基督教就是谬误，因为这一教义是基督教密不可分的一部分。如果存在，那么，就像其他真理一样，我们必须面对这条真理，不管它在政治会议上是否有用。我们还会担心天国是一份贿赂，一旦我们把天国作为自己的目标，我们的心地就不再无私。实际情况并非如此。天国不会给唯利是图的人提供任何他所渴望的东西；我们可以放心地去告诉那些心地纯洁的人，他们将得见上帝，因为只有心地纯洁的人才想要得见上帝。有一些奖赏是不会玷污动机的。一个男人爱一个女人不是唯利是图,因为他想和她结婚;他爱诗歌也不是唯利是图,因为他想读诗;他爱运动也不是更自私,因为他想跑、想跳、想走动。爱的定义就是追求享受其对象。

——选自《痛苦的奥秘》

11 月 24 日

旨在天国

"望"是神学三德之一,①这说明对永恒世界持续不断的盼望不是(像一些现代人认为的那样)一种逃避,也不是痴心妄想,而是基督徒当做的事情之一。这并不意味着我们对这个世界听之任之。读一读历史你就会发现,那些对这个世界贡献最大的基督徒恰恰是那些最关注来世的基督徒。决心让罗马帝国皈依基督教的使徒们、建立起中世纪文明的那些伟人、废除奴隶贸易的英国低教会派信徒,他们之所以都对这个世界产生了影响,正是因为他们一心专注天国。自大部分基督徒不再思考彼岸世界之后,基督徒对此岸世界的作用才大

---

① 神学三德指的是"信、望、爱"。

大地减少。旨在天国，尘世就会被"附带赠送"给你，旨在尘世，两样都会一无所得。这条规律看起来好像很奇怪，但在其他事情上我们也可以见到类似的情形。拥有健康是一大福分，但一旦将健康作为自己直接追求的一大目标，你就开始变成一个怪人，总怀疑自己患了什么病。只有将重心转移到其他事情，如，食物、运动、工作、娱乐、空气上，你才有可能获得健康。同样，只要我们将文明作为主要的目标，我们就永远挽救不了文明。我们必须学会对其他事物有更多的渴望。

——选自《返璞归真》

11 月 25 日

成人读物

有些爱开玩笑之人想让基督徒对"天国"的盼望显得荒谬，便说自己不希望"将永生都耗在弹琴上"。我们不必为这些人烦恼。对他们，我们的回答是：如果他们读不懂成人读物，就不要谈论这些读物。《圣经》上所有的比喻（琴、冠冕、金子等）当然都只是象征，是力图以此来表达不可表达之事。《圣经》上提到乐器是因为对很多人（不是所有的人）来说，音乐在此世最能让人联想到狂喜和无限，冠冕让人联想到在永恒之中与上帝合一的人分享上帝的尊荣、能力和喜乐，金子让人联想到天国的永恒（因为金子不锈坏）和宝贵。那些从字面上理解这些象征的人倒不如认为，当基督教导我们要像鸽子时，①他的意思是我们会下蛋。

——选自《返璞归真》

11月26日

比较猫和狗

　　世界不是由百分之百的基督徒和百分之百的非基督徒组成。有些人（这样的人数目很多），包括教士，实际上已慢慢不再是基督徒，但仍称自己为基督徒；另有一些人，他们虽然还没有称自己为基督徒，实际上已在慢慢朝这个方向发展；有些人虽然没有接受基督教关于基督的全部教义，但深受基督的吸引，在远比自己理解的更深刻的意义上属于基督；有些人信仰其他宗教，但受到上帝隐秘的引领，专注于自己的宗教中与基督教一致的部分，因此，不知不觉地属于了基督。例如，一位善良的佛教徒可能受到引领，越来越专注于佛教中关于慈悲的教导，舍弃了其他方面的教导（虽然他可能还会说他相信这些教导）。早在基督诞生之前，很多好的异教徒可能都属于

---

① 参见《马太福音》10：16，"所以你们要灵巧像蛇，驯良像鸽子。"

这一类。当然,总是有很多人,他们的思想很混乱,头脑中堆积着许许多多互相矛盾的信念。所以,要想从总体上评价基督徒和非基督徒没有太大用处。从总体上比较猫和狗,甚至男人和女人,都有点用处,因为在这方面我们明确地知道谁是谁;再者,动物也不会(无论是渐变还是突变)从狗变成猫。但是,当我们将总体的基督徒与总体的非基督徒进行比较时,我们想到的往往根本不是我们认识的真实的人,我们想到的只是来自小说和报纸的两个模糊的概念。

——选自《返璞归真》

11 月 27 日

他们或早或迟都堕落了

我们不知道上帝创造了多少生物,也不知道他们在乐园的状态下生活了多久,但他们或早或迟都堕落了。某个人或某个东西轻声地告诉他们说,他们可以成为上帝,即,可以不再以造物主为自己的生活目的,不再把自己一切的快乐看成是上帝无条件的恩赐,看成是生命过程中的"意外"(逻辑学意义上的意外),这个生命不是以这些快乐本身而是以崇拜上帝为目的。像一个年轻人向父亲要常规的零花钱,把这钱看成是自己的,在这个限度内安排自己的开销一样(这样做是恰当的,因为父亲毕竟也是人),这些受造物也渴望自己独立,掌管自己的未来,安排自己的享乐和保障,拥有自己的东西。毫无疑问,他们会从自己的东西中拿出一部分,以时间、注意力、爱等方式向上帝献上一定量的贡品,但这个东西仍然是他们自己的,而不是上帝的。正如我们所说的,他们想"将自己的灵魂据为己有",但这意味着自欺,因为我们的灵魂实际上不为我们所有。他们希望宇宙中有某个角落,指着它,他们可以对上帝说:"这是我们的事,与你无关。"可是,不存在这样的角落。他们想要当名词,但他们是,而且必定永远只是形容词。

——选自《痛苦的奥秘》

11 月 28 日

终结与黑暗之地

["地狱是上帝施加的惩罚"],有人反对这一观念,其理由是:任何一位慈悲之人,当他知道哪怕还有一个灵魂仍在地狱时,他自己在天堂里就不可能感到幸福。倘若如此,难道我们比上帝还仁慈吗? 在这种反对意见的背后,实际上是这样一幅想象的图景,即,天堂和地狱在线性的时间中共存,就像英国历史与美国历史共存一样。所以,在每一个时刻,幸福的人都可能说:"地狱的苦难此刻正在继续。"然而,我注意到,耶稣

在极其严厉地强调地狱的恐怖时,他强调的往往是终结,而不是持续。被交付给吞噬的火焰,往往被看成是一个人生命历程的终结,而不是新的生命历程的开始。堕落的灵魂被永久地限定在它可怕的状态中,对此我们不会怀疑,但我们不能断定这种永久的限定是否意味着永远的持续,甚至不能断定它是否会持续。……我们对天堂的认识要比地狱多得多,因为天堂是人的家,所以包括了一个辉煌的人生中应有的一切。但地狱不是为人创造的,绝不能与天堂相提并论。它是"外面的黑暗",是外部的边缘,在那里存在消失于虚无之中。

——选自《痛苦的奥秘》

11 月 29 日

地狱会否决天堂吗?

老师揭露了胁迫的阴谋:

"尘世上有些人说:一个灵魂的最终堕落否定了得救之人所有的喜乐。"

"你知道它不能否定。"

"在某种程度上,我觉得它应该能够否定。"

"这听起来好像很仁慈,但是,让我们来看看潜伏在其背后的东西。"

"那是什么?"

"是那些没有爱心、自我禁锢之人的要求。他们要求允许他们胁迫宇宙,要求在他们(按照自己的条件)同意幸福之前,任何人不得品尝喜乐,要求将他们的权力作为最终的权力,要求地狱有权否决天堂。"

"老师,我不知道自己要什么。"

"孩子,事情不这样就必定会那样。这一天最终会到来:要么喜乐得胜,一切制造苦难的人再也不能够影响喜乐;要么制造苦难的人永远能够摧毁别人的幸福,而他们自己不愿接受这份幸福。我知道,"只要有一个生物被留在外面的黑暗中,你就得不到救赎"这种叫嚷声喧天,但你要提防这种谬论,否则,你就让一个占着毛坑不拉屎的人当了宇宙的暴君。"

——选自《天渊之隔》

11 月 30 日

怜悯应当死去吗?

老师揭示了怜悯不好的一面:

"可是,有人敢说(这样说很可怕)怜悯应当永远死去吗?"

"你应当区分一下,怜悯的行为将永存下去,但怜悯的激情却不会。怜悯的激情,即,那种只会让我们受苦的怜悯,那种使人们让步不应当让步之事、该说真话时却去奉承的痛苦，那种骗走很多女人的贞洁、骗走政治家诚实的怜悯，都会死去。这种怜悯是坏人用来对付好人的武器，这个武器将被折断。"

"另外一种，即，怜悯的行为是什么？"

"它是好人的武器。它从最高处跳到最低处，比光还要快，带来医治和喜乐，不计自己的一切代价。它化黑暗为光明，化恶为善，它不会因为地狱狡诈的眼泪就将恶这个暴君强加于善之上。每一种疾病找到了对症的疗方都会治愈。但是，我们不会为取悦那些坚持要继续生黄疸病的人，而称蓝为黄；也不会为了那些不能忍受玫瑰花香的人，而把世界的花园变成粪堆。"

——选自《天渊之隔》

十 二 月

地狱之门

　　有人说，一个灵魂的最终堕落意味着全能上帝的失败。这确实意味着失败。在创造具有自由意志的存在物时，全能的上帝从一开始就接受了这种失败的可能性。你们称之为失败的事，我称之为神迹。因为，我们正是把创造异己的东西，因而在某种程度上可能遭到自己的创造物的反抗，看成是上帝的一切作为中最令人惊讶、最不可想象的一件事。我愿意相信，那些下地狱的人在某种意义上说直到最后都是成功的反叛者，我也相信地狱之门从里面锁上了。我并不是说那些幽灵也许不希望从地狱里出来，他们也许有朦胧的希望，就像一个心怀嫉妒的人朦胧地"希望"幸福一样。但是，他们无疑连自我放弃所要求的起始的几个阶段都不愿意达到。只有通

过这种自我放弃，灵魂才有可能称得上达到了善。他们永远
享受自己要求来的那份可怕的自由，结果自我束缚，就像那些
蒙福之人，因为永远顺服，在整个永恒之中变得越来越自由
一样。

——选自《痛苦的奥秘》

12月2日

由他们去

从长远来看，对那些反对有关地狱教义的人，我们的回答
本身也是一个提问："你让上帝做什么？"除去他们过去所犯的
罪，不惜一切代价给他们一个新的开始，排除一切困难，提供
一切奇迹般的帮助吗？上帝在髑髅地已经这样做了。赦免他
们吗？他们不愿意得赦免。由他们去吗？唉，上帝所做的恐
怕只能是这点了。

有一点需要提醒大家，实际上我已经提到了。为了唤起
现代人对这些问题的理解，我在这一章很冒然地描绘了一幅
坏人的画像。这种坏人我们很容易看出他确实很坏，但在这
幅画像完成了其使命后，我们把它忘记得越快越好。在一切
有关地狱的讨论中，我们应当想到的始终是我们自己而不是
我们的敌人或朋友（因为这二者会干扰理性）可能会下地狱。

这一章不是在讲你的妻子或儿子,也不是在讲尼禄①或加略人犹大,②而是讲你和我。

——选自《痛苦的奥秘》

12月3日

一条讨厌的教义

有些人将得不到救赎。如果可能,没有哪一条教义比这条我更愿意从基督教中删除了。可是,这条教义有《圣经》——尤其有主耶稣自己的话——作它的支柱,一直为基督教徒所持守,而且还有理性的支持。只要参加比赛,就一定有输的可能性;如果受造物的幸福在于将自我交付给造物主,那么,除他自己之外,没有人能够将他交付出去(虽然很多人可能会帮助他),他也可能拒绝交付自己。只要真地能够说"所有人都将得救",我愿意付出一切代价。然而,我的理性反问道:"需不需要他们自己的意志?"如果我说"不需要",立刻我就看到了一个矛盾:把自己交付出去是最高形式的自愿行为,怎么可能是不自愿的呢? 如果我说"需要",理性就会回答说:"如果他们不愿意交付,那会怎么样呢?"

——选自《痛苦的奥秘》

---

① 公元一世纪残酷迫害基督徒的一位罗马皇帝。
② 出卖耶稣的那位门徒。

假定你是审判官

让我们尽量坦诚地面对自己。想象这样一个人:他纯粹为了自己的目的,利用受骗者高尚的动机(利用的同时还嘲笑他们的无知),靠一贯的奸诈和残忍获取了财富和权力。在这样取得成功之后,他就用它来满足自己的贪欲和仇恨,终至出卖自己的同谋,嘲笑他们最后糊里糊涂地就幻想破灭,从而连盗贼中仅存的一点道义也丧失了。我们进一步假定,这个人干了所有这一切,竟然不为任何的悔恨、甚至忧虑所困扰(像我们喜欢想象的那样),而是像小男生一样痛快地吃喝,像健康的婴儿一样安心地睡觉,快快活活,红光满面,在世界一无挂虑,自始至终坚信:唯独自己找到了人生这个谜语的答案,上帝和他人都是傻瓜,自己胜过了他们,自己的生活方式绝对地成功、满意、无懈可击。在这点上我们一定要谨慎,对报复感,稍有纵容都是绝对致命的罪。基督教的爱教导我们要尽一切努力来促使这样的人改变,教导我们要冒着自己的生命、甚至灵魂的危险,希望他改变,不希望他受惩罚,永远希望他改变。但是,问题不在这里。假定他不愿意改变,你认为在永恒的世界他的命运应当是什么? 你真的希望这样的人,假如他仍然保持现在这个样子(如果他有自由意志,他就一定能够做到这点),永远确信他目前的幸福,永远坚信胜利始终在他这边吗?

——选自《痛苦的奥秘》

12月5日

看看废物

你会记得,在那个比喻中(《马太福音》25:34,41)得救的人去了为他们预备的地方,而受诅咒的人去了根本不是为人创造的地方。你在尘世上可能很成功地实现了自己做人的本质,但是,进天国使你比在尘世更像一个人,而进地狱则是被逐出人类。被扔进(或者说将自己扔进)地狱的不是人,只是"废物"。做一个完全的人意味着让情感顺服于意志,将意志奉献给上帝;曾经是人,即,前人(ex-man)或"受诅咒的幽灵",则可能意味着他是由一个完全以自我为中心的意志和完全不受意志控制的情感构成的。

——选自《痛苦的奥秘》

12月6日

非此即彼

我认为,不是所有选错了道路的人都会灭亡,但他们的拯救在于被带回到正道上来。数字计算错了可以改正,但不是通过继续演算下去来改正,只能通过回去找到错误所在,从那里重新计算开始。罪恶可以除去,但罪恶不会自动"发展"成善,时间不会医治罪恶。咒语必须一点点地"通过回溯的、具有割裂功能的低语"将它解开,其他方法都行不通。这仍然是一个"非此即彼"的问题:如果我们坚决要保留地狱(甚至尘世),我们就见不到天国;如果我们接受了天国,我们就无法保留地狱里哪怕最小的、最贴身的一件纪念品。

——选自《天渊之隔·前言》

现在选择,慎重选择

上帝为什么要乔装降临①到这个被敌人占领的世界,创建一种秘密的团体②来暗中破坏魔鬼的工作? 他为什么不带着大批的天军降临,大举进攻这个世界? 是因为他的力量不够强大吗? 基督徒认为上帝将来是要带着大批的天军降临,只是我们不知道这事何时发生。但是我们猜得出他推迟这一行动的原因:他想给我们机会,让我们自愿加入他那一方。一个法国人如果一直等到盟军进驻德国时才宣布站在我们一边,我想你我都会看不起他。上帝会大举进攻,但是我想知道,那些要求上帝公开直接干预世界的人是否充分意识到上

---

① 指上帝道成肉身。
② 指基督教会。

帝果真干预时是一幅怎样的情景。此事发生之时也就是世界终结之日，剧作家走上舞台时，戏就结束了。上帝是将大举进攻，没错。但是，当你看到整个自然的宇宙如梦幻般消逝，某个别样的东西——你从未想过的、对有些人来说如此美丽、对另外一些人来说如此可怕的某个东西——直闯进来，谁都没有选择余地的时候，你说自己站在上帝一方有何益处？因为此时出现的不再是乔装的上帝，而是某个势不可当的东西，它让每个造物都切身感受到不可抗拒的爱或恐惧。那时再选择站在哪一方就为时已晚，在你已经站不起来的时候说"我选择躺下去"是没有用处的。那已经不是选择，而是发现我们真正选择了哪一方的时候（不管以前我们是否意识到了这种选择）。现在，今天，此刻，就是我们选择正确一方的机会，上帝推迟行动为的是给我们这个机会，这个机会不会永远留在那里，我们不是抓住它就是放弃它。

——选自《返璞归真》

12月8日

愿你的旨意成全

老师解释我们的选择能力：

　　"最终只存在两种人：一种人对上帝说：'愿你的旨意成

全',另一种人上帝最终对他们说:'愿你的旨意成全。'所有下地狱的人都是自己选择了地狱,没有那种自我选择就不可能有地狱。任何一个真心不断渴望幸福的人都永远不会失去幸福。寻找的人就能寻见,叩门的人,门就给他们打开。"①

——选自《天渊之隔》

12月9日

宁在地狱统治

老师揭露了罪的真实本质:

"这些回去的灵魂(除此之外,我还没有看见其他人),他们选择了什么?他们怎么会作这种选择?"

"弥尔顿说得对",老师说,"每个堕落的灵魂,他的选择都可以用这几个字来表达:'宁在地狱统治,不在天堂服侍。'总有点东西他们哪怕以苦难为代价也要坚决保持,总有点东西他们爱它胜过幸福,也就是现实。你从一个宠坏的孩子身上很容易看到这点,他宁肯得不到玩耍和晚餐,也不肯道歉,与别人和好。你称之为生气,但在成人的生活中,它却拥有一百

---

① 参见《马太福音》7:7—8,"你们祈求,就给你们;寻找,就寻见;叩门,就给你们开门。因为凡祈求的,就得着;寻找的,就寻见;叩门的,就给他开门。"

个动听的名字——阿喀琉斯的愤怒、科里奥拉纳斯[1]的高贵、报复、受损的荣誉、自尊、悲剧式的伟大、恰当的骄傲等等。"

"老师，那么，没有人因为放荡的罪，因为纯粹的耽于酒色而堕落吗?"

"毫无疑问，有些人是。我承认，耽于酒色的人一开始追求的是真正的——虽然只是小小的——快乐，他的罪要轻些。然而，当快乐越来越少，渴望越来越强烈，而且他也知道用那种方式永远也得不到幸福时，他仍然不爱幸福，一味地安抚他那无法满足的欲望，不愿意将这欲望从他身上除去，为了保持这份欲望，他愿意战斗至死。他很想能够搔痒，但即便他再也不能搔痒，他也宁肯身上发痒，也不愿意不痒。"

——选自《天渊之隔》

12 月 10 日

误把手段当作目的的人

老师讲了一个故事:

"不久前有个人来到这里，又回去了，他们称这个人为大秃头爵士。在尘世一生中，他除了对人死后生命是否会延续

---

① 莎士比亚历史悲剧中的人物。

感兴趣外，对其他一切都不感兴趣，他写了满满一书架关于生命延续的书。……这慢慢就发展成为他唯一的工作——做实验、演讲、办杂志，还有旅行，他从喇嘛身上发掘出一些怪异的故事，被介绍加入中非的兄弟会。他所要的是证据，更多的证据，再多的证据。……后来，这个可怜的人时候满足，死了，来到这里，宇宙中没有什么力量能够阻止他留在这里，然后去山中。你认为这会对他有什么好处吗？这个国度对于他来说毫无用处，这里的每个人生命都已经'延续'，没有任何人对这个问题表现出丝毫的兴趣。没有什么其他东西可以证明的了，他的工作彻底地没了。当然，只要他愿意承认自己误将手段当作了目的，大大地自我解嘲一番，他可以像小孩子一样一切都从头开始，进入幸福之中。可是，他不愿这样做，他丝毫不关心幸福，最终他走了。"

"多荒唐啊！"我说。

"你这样认为吗？"老师用锐利的目光看了我一眼说。……"在这以前，一直有人对证明上帝的存在非常感兴趣，结果，对上帝自身反而毫不关心……仿佛良善的上帝除了存在之外，没有其他事情可做似的！也有些人如此忙于传播基督教，结果，竟然从未想到过基督。"

——选自《天渊之隔》

走向极端

私酷鬼解释了极端主义的用途：

我没有忘记我的承诺——考虑我们是让"病人"成为极端的爱国主义者还是极端的和平主义者。除了对"敌人"的极端忠诚外，一切极端都应当受到鼓励。当然，不是总受到鼓励，但在眼下这个时期应当如此。有些时代对一切都很冷淡、漠不关心，我们的任务就是安抚这个时代，使之睡得更熟。另有些时代（目前这个时代就是其中之一）很不稳定，易于产生派系，我们的任务就是煽动这个时代。任何一个由于某种利益结合在一起、别人不喜欢或不屑一顾的小圈子，其内部往往会产生一种具有温室效应的相互欣赏，对外界则产生强烈的骄傲和仇恨情绪。他们丝毫不以此为耻，因为有"事业"作它的保护者，这种骄傲和仇恨被看成是非个人的。即便这个小集团主要是为"敌人"的目的而存在时，情况也是如此。我们希望教会的规模小，不仅是因为这样一来认识"敌人"的人可能会少，而且是因为那些认识"敌人"的人可能会产生不舒服的紧张感和防御性的自以为义，这种感觉是秘密团体或派系所拥有的。当然，教会自身防守严密，我们在使她具有派系的一切特征方面还从未取得大的成功，但在教会内部的下属派系，从哥林多教会和阿波罗派一直到英国圣公会的高教派和低教派,我们往往取得了可喜的成果。

——选自《魔鬼家书》

从局外人到局内人

私酷鬼指导瘟木鬼培养一种权利感:

你的机会来了。当"敌人"利用性爱和一些非常可爱、在侍奉他方面非常出色的人,引领这个粗鲁无礼的年轻人达到他本来永远不可能达到的水平时,你一定要让他感到他现在发现了自己的水平,感到这些人"和他是一类人",来到他们当中就是回到了家。当他从这些人那里转向别的团体时,他发现这个团体令人乏味。这部分是由于他能接触到的几乎所有的团体确实不那么令人愉快,但更多地是由于他怀念那位年轻女士的魅力。你一定要教他将令他高兴和令他厌倦的这两个圈子的区别误当作基督徒和非基督徒之间的区别,一定要使他感到(最好不要说出来)"我们基督徒是多么地与众不同!"不知不觉地,他就真心地将"我们基督徒"等同于"我这一群人";"我这一群人"指的不是"那些在爱和谦卑中接受了我的人",而是"我理所当然应该与之为伍的人"。

——选自《魔鬼家书》

从虚荣心发展到骄傲

私酷鬼教瘟木鬼怎样将一个小小的过犯转变成一桩严重的罪：

在这点上，成功取决于混淆他的思想。如果你竭力想让他明确公开地以自己为基督徒而自豪，你很可能会失败，因为他们都熟知"敌人"的告诫。另一方面，如果你让"我们基督徒"这一观念彻底地退出，只让他为"他那一群人"感到心满意足，你也不会让他产生真正灵性上的骄傲，只会产生集体虚荣心，这相对来说只是一桩无用的、微不足道的小罪。你要的是：让他所有想法中始终都搀杂着一种暗自庆幸，永远不要允许他提这个问题——"我究竟庆幸什么？"属于一个内在的圈子，知道内幕，这种想法令他非常高兴。好好利用这种想法，利用这个女孩最愚蠢时对他产生的影响，教导他对非基督徒说的话采取一种引以为乐的态度。他在现代基督徒圈子内可能会遇到的一些理论——我指的是那些把社会的希望寄托在某个由"教士"组成的内部圈子，一些受过训练的少数神权主义者身上的理论——在此或许有用。这些理论是否正确与你无关，关键是要让基督教成为一种神秘宗教，让他觉得自己是新近加入的成员之一。

——选自《魔鬼家书》

12 月 14 日

在里面

　　我相信,从婴儿到极度年迈这段时期,所有的人有些时候,很多人在所有的时候,占其生活主导地位的因素之一就是渴望进入当地的圈子,害怕被排除在外。这种渴望的一种形式(我指的是势利),在文学中已经得到了充分的表现。维多利亚时代的小说充满了这样的人物,他们深受渴望的折磨,渴望进入一个特定的圈子,那个圈子在如今或过去被称为社会。但我们一定要清楚,"社会"一词在这种意义上只是众多圈子中的一员,因而势利也只是渴望进入圈子的一种表现形式。那些自认为(也确实是)不势利之人,带着平静的优越感阅读对势利的嘲讽的那些人,他们可能受到另一种形式渴望的折磨,可能极其渴望进入某个完全不同的圈子,这个圈子使他们不受奢侈生活的种种诱惑。一个人觉得自己被排斥在某个艺术家或共产主义者的圈子之外,倍感痛苦,对这种人,即便公爵夫人的请柬也起不到什么安慰的作用。可怜的人! 他向往的不是宽敞明亮的房间、香槟酒,甚至不是上院议员和内阁大臣的丑闻,而是神圣的小阁楼或画室,凑到一起的几颗脑袋,缭绕的烟雾以及那些有趣的知识,我们——聚在火炉边的这四五个人——是唯一通晓那些知识的人。

——选自"内圈"(《荣耀的重负》)

秘密的冲动

（想成为内圈的一员）这种渴望往往很隐蔽，以至于当这一渴望得到满足时，我们几乎辨认不出它带给我们的快乐。男人们不仅对妻子说，也对自己说，在办公室或学校呆到很晚，处理一点额外的重要工作是件苦差事，这份工作之所以让他们来做，是因为他们和某某以及另外两个人是单位里唯一真正懂得该如何办事的人。这话不完全对。当然，当老法蒂·史密斯逊把你拉到一边，悄悄地说："瞧，我们只好请你来想办法负责这次考试"，或者说："我和查理一眼就看出这个委员会没有你不成"时，这是一件糟糕的烦心事。……可是你若是被排除在外，那不知要糟糕多少倍呢！星期六下午还得工作，确实让人疲劳、对健康不利，可是，若因为你不重要而让你星期六无事可做，情况要糟糕得多。

毫无疑问，弗洛伊德会说这一切都是性冲动的托词。我在想，有时候情况是不是颠倒了。我在想，在男女乱交的时代很多人之所以失去贞洁，向某个群体的诱惑妥协和向情欲妥协是不是起到了同样的作用。因为当乱交流行时，贞洁的人当然是局外人，别人知道的东西他们不知道，他们没有被接纳。至于轻微一点的事，如，抽烟、醉酒，因类似原因而第一次这样做的人，数目可能相当大。

——选自"内圈"（《荣耀的重负》）

12月16日

人类行为的一个永远的主动力

我这个讲话的主要目的是要让大家相信,对内圈的渴望是人类行为的一个永远巨大的主动力,也是导致产生目前的世界——一个斗争、竞争、混乱、贪污、失望、宣传混杂的世界——的一个因素。如果这种渴望是一个永远的主动力,这样的局面是不可避免的。除非你采取措施制止这种渴望,否则它将成为你生活的主要动机之一,从你开始工作的第一天起,一直到你老得顾不上它那一天为止。这是很自然的事,如果你让生活顺其自然,那就是你的生活,任何别样的生活都是有意识地不断努力的结果。如果你对这种渴望不采取任何措施,随波逐流,你实际上就会成为一个"圈内人"。我没有说你会成为一个成功的"圈内人",你也许会。但是,不管你是在自己永远无法进入的圈子外忧郁憔悴,还是成功地进入越来越深的内圈,不管是这样还是那样,你都会成为那种人。

——选自"内圈"(《荣耀的重负》)

12月17日

为什么要避免成为"圈内人"?

你们当中十有八九的人会面临一种选择,这种选择可能会导致你成为恶棍。当这一选择到来时,它绝不会以富有戏剧性的色彩出现,明显的坏人、明显的威胁或贿赂几乎肯定不会遇到。它会在你啜饮一杯啤酒、一杯咖啡之际,伪装成一件琐事,夹杂在三两个玩笑当中,从你最近开始熟悉、并且希望进一步熟悉的某位男女口中,即,就在你迫切地希望自己不显得粗俗、幼稚、自命不凡的时候暗示出来。它暗示着某件与公道的原则不太一致的事情;某件大众——那些无知、耽于幻想的大众——永远不会理解的事情;某件甚至你自己行业的局外人都可能大惊小怪、而你的新朋友却说"我们一直在干"的事情(听到"我们"这个词,你竭力抑制自己不要单纯因为兴奋而脸红)。你会被拽进去。如果你被拽了进去,那不是因为你渴望获利或安逸,仅仅是因为在那一刻,在事情即将成就之际,你不能忍受又被推入冰冷的外部世界。看到对方的面孔——那张和蔼、充满信任、世故得可爱的面孔——突然间变得冷酷倨傲,知道你接受了进入内圈的考验却被拒绝,这简直太可怕了。如果你被拽了进去,下星期你就离公道的原则远了一点,明年再远一点,但是,一切都是在最愉快、最友好的气氛中进行的。这个选择可能最终导致你破产,卷入丑闻,服劳役,也可能让你成为百万富翁,获得贵族爵位,在母校设立奖项,但你终将是一名恶棍。

　　……在所有的情感当中,想要进入内圈的情感最善于促使一个还不太坏的人干出非常坏的事。

——选自"内圈"(《荣耀的重负》)

发现自己真正友谊的圈子

如果你不中止对内圈的追求,这一追求就会伤透你的心,但是一旦中止,就会出现一个你意想不到的结果。如果在工作时间内你以工作为目的,你很快就会发现,自己完全不知不觉地进入了这个行业中唯一真正重要的圈子,你是其中一名技艺精湛的工匠,其他技艺精湛的工匠也知道这一点。这些工匠组成的群体与"内部圈子"、"重要人物"或"知情人士"绝对不同,它不会决定行业的政策,或逐步建立起行业的影响,代表行业整体与公众争战,它也不会引起内部圈子制造的那些周期性的丑闻和危机。但它会做该行业生来要做的事,从长远来看,该行业实际受到的一切尊重都是它的功劳,这是演讲和广告所无法维护的。如果在业余时间你只与自己喜欢的人为伍,你又会发现自己不知不觉进入了一个真正的内部,发现自己确实安稳舒适地位于某个东西的中心,这个东西从外表看完全像一个内部圈子。但它与内部圈子的区别在于,它的秘密性纯属偶然,其独特性也只是一个副产品。没有谁因为受到小圈子的诱惑而被引到那里,因为这只是四、五个人喜欢彼此见面,一起做大家喜欢做的事。这是友谊,亚里士多德将它列入德性之中,全世界的幸福也许有一半来自它,任何一个圈内人都永远无法拥有它。

——选自"内圈"(《荣耀的重负》)

固执的小锡兵

你小时候想过,你的玩具若能够变活,那该多有意思吗? 假定你真的能够让玩具变活,想象你将一个小锡兵变成真正的小人,与此同时它的锡身变成肉身。假定小锡兵不喜欢这样,他对肉身不感兴趣,他看到的只是锡被破坏,他认为你是在毁灭他的性命。他会拼命阻止你,如果可能,决不愿意你将他变成人。

你对那个小锡兵做了什么我不知道,但是,上帝对我们做的是:上帝的第二位格——圣子亲自变成了人,作为一个真正的人降生来到世界,有具体的身高,长着具体颜色的头发,说一门具体的语言,体重若干公斤。无所不知、创造了整个宇宙的永恒存在不但变成了人,(在那之前)还变成了一个婴孩,在那之前还在一个女人的腹中变成了胎儿。如果你想知道其中的滋味,想象自己变成一只蛞蝓或螃蟹会怎样。

——选自《返璞归真》

一个小锡兵活了

结果是,你们有了一个人,①这个人真正具备了所有人都

---

① 指耶稣基督。

应当具备的模样,在他身上,自母亲而来的被造的生命允许自己完全彻底地被转变为受生的生命。① 他里面的那个自然的人整个被带入圣子之中,于是顷刻间,可以说,人类就到达、进入了基督的生命之中。因为对人来说所有的困难就在于,自然的生命必须在某种意义上被"消灭",所以他选择了一个尘世的生涯。这个生涯包括处处消灭他身上人的欲望,遭受贫穷、家人的误解、亲密朋友的出卖、役吏的嘲笑与虐待、酷刑和杀害。在这样被杀之后(在某种意义上说,他每天都被杀),他里面的人因为与圣子合一复活了。复活的不仅仅是上帝,基督作为人也复活了。这是全部的关键所在。第一次,我们看到了一个真正的人。一个小锡兵,像其他的锡兵一样是真锡制的,完完全全地活了过来,光彩夺目。

——选自《返璞归真》

12 月 21 日

区分神祇

基督徒宣称的不只是"神"在基督里道成肉身,他们宣称那个独一的真神就是犹太人敬拜的雅威,是他降生到了世间。

---

① 《尼西亚信经》宣称圣子"受生"(begotten) 而非"被造"(made),路易斯解释二者的区别是:受生的与生者本质相同,被造的与造物主本质不同。

雅威的双重性质是这样的：一方面，他是自然之神，大自然快乐的创造者。他降雨到沟畦，让山谷长满谷物并为此欢笑歌唱；森林里的树木在他面前欢欣；他的声音让野鹿产下幼崽，他是麦子神、酒神、油神。在这方面，他一直在做自然神祇们所做的一切事，他集巴克斯①、维纳斯、柯瑞斯②于一身……

另一方面，雅威显然不是一位自然神祇。他不像一位真正的谷物之王，必须每年死去，然后复活。……他不是自然或自然某个部分的灵魂。他存在于永恒之中，住在神圣的高处：天是他的宝座，不是他的坐骑；地是他的脚凳，不是他的罩衣。将来有一天，他要将二者都拆除，创造一个新天新地。他甚至不应该被等同于人里面的"神圣火花"，他是"神，不是人"。

雅威既不是自然的灵魂也不是自然的敌人。……自然是他的受造物，他不是一位自然神（a nature-God），而是自然之神（the God of Nature）——自然的发明者、创造者、拥有者、控制者。本书的每一位读者从孩提时代起就熟悉这一观念，因此，我们很容易认为这是世界上最普遍的观念。我们问："只要人们打算信神，除雅威外，难道他们还会信其他的神吗？"但历史的回答是："他们会信几乎所有其他的神。"

——选自《神迹》

---

① 酒神。
② 谷物女神。

这样来思考这个问题

假定我们拥有一本小说或一部交响曲的部分手稿。现在有人拿来了一份新发现的手稿,对我们说:"这是这部作品缺失的那部分,这部小说的整个情节实际上都取决于这一章,这是这部交响曲的主旋律。"我们的任务就是,将这个新章节放到手稿发现者认为它应该在的中心位置,看看它是否确实阐明了我们已经看过的所有部分,并且"使之成为一体"。我们也不大可能出太大的差错:如果这个新章节是假的,不管它第一眼看起来多么有吸引力,随着我们考虑这件事情的时间越长,它与作品的其他部分就越来越难相符。但是,如果这个新章节是真的,那么,每听一遍这首音乐,或每读一遍这本书,我们就会发现它安顿了下来,在此显得更合适,并且将我们迄今所忽略的整部作品中各种细节的重要性都引发了出来。即便这段中心章节或主旋律自身含有很难理解的地方,但只要它不断地解决了别处的难题,我们就应该仍然视之为真。对道成肉身这一教义,我们也当如此。这里我们拥有的不是一部交响曲或一本小说,而是我们整个的知识板块,这一教义的可信性取决于它(如果被接受了)能够阐明、组合这整个板块的程度。这个教义本身应该全部可以理解,这一点远不重要。我们相信夏季中午的时候太阳在天空中,不是因为我们能清楚地看见太阳（实际上我们不能），而是因为我们能看见其他一切。

——选自《神迹》

12 月 23 日

处处伟大者都进入渺小者之中

一个天文学家脑皮层内的原子运动，与他相信在天王星之外必定还有一颗尚未观测到的行星，这两者之间的差异已经是如此之大，乃至在某种意义上说，上帝道成肉身几乎不比这个更令人吃惊。我们无法想象圣灵如何住在耶稣被造的、人的灵（human spirit）中，但我们也无法想象，他的人的灵或任何人的人之灵如何住在自然的机体当中。如果基督教的这一教义是正确的，我们所能理解的是：我们自己的整体存在，不像表面上看上去的那样，是一种纯粹的反常；而是上帝道成肉身自身的隐约翻版——在一个小调中表现出来的同一个主旋律。我们能够理解，如果上帝这样降卑进入人的灵中，人的灵这样降卑进入自然中，我们的思想降卑进入感官和情感中，如果成人的思想（但只是最好的思想）能够降卑与孩子们一致，人与动物一致，那么，一切都结合在一起。我们生活在其中的整个现实，无论是自然的，还是超自然的，都比我们原先推测的要更加纷繁多样,更加微妙地相互协调。我们看到了一条新的重要原则,即,更高者(正因为它是真正的更高者)降身的能力,伟大者包含渺小者的能力。所以,立体体现了平面几何的许多原理,但平面图无法体现立体几何的原理;很多有关无机物的论断适用于有机物,但有关有机物的论断不适用于矿物质;蒙田和猫在一起时变得像小猫似的,但猫从来不会对他谈哲学。处处伟大者都进入渺小者之中,这种能力差不多就是对它的伟大性的一种测试。

——选自《神迹》

12 月 24 日

上帝降世是为了再升天

在基督教故事中,上帝降世是为了再升天。他下降,从绝对存在的高处下降进入时空当中,下降到人类当中。如果胚胎学家说的对,他还进一步下降,在子宫中重现远古的、前人类的生命阶段,下降到他创造的自然的最低处。但是,他下降是为了再升起,为了将整个遭到毁灭的世界与他一道提升起来。我们的脑海中出现的是这样一幅图景:一个身材高大的人,腰弯得越来越低,直到身子能够钻到一个巨大复杂的重担之下。要想挑起这个重担,他就必须弯腰,必须差不多消失在这个重担之下,然后才能不可思议地直起脊背,整副重担在他的肩上晃悠着,大踏步地离开。我们也可以想象一位潜水员。他首先脱光衣服,在半空中扫视一眼,扑通一声跃入水中,消失了。他穿过碧绿温暖的水域,飞速潜向漆黑寒冷的水域,冲破不断增强的压力,进入死一般的污泥和陈年腐烂物的地带。然后上升,回到色彩和光明之中,他的肺都快爆炸了,突然他冒出水面,手里拿着找回的那件正滴答着水的贵重物品。在出水进入光明中以后,他和那个贵重物品都具有了色彩,但是,当它躺在黑暗的水底黯淡无光时,他也失去了色彩。

——选自《神迹》

12 月 25 日

大神迹

基督徒宣称的核心神迹是道成肉身。他们说上帝变成了人,一切其他神迹都是为这个神迹作准备,或是阐明这个神迹,或是这个神迹产生的结果。正如每一起自然事件都是自然的总体特征在具体时间和地点的体现,基督教的每一个具体神迹也在具体的时间和地点体现了道成肉身的特征和重要性。基督教中不存在零散的、任意的介入。基督教讲述的不是对自然的一系列互不相干的袭击,而是一次战略统一的进攻中的不同步骤，一次意在彻底征服和"占领"的进攻。具体神迹的合理性以及由之而来的可信性，取决于它们与"大神迹"的关系，一切具体神迹的讨论离开了"大神迹"，都是徒劳。

"大神迹"自己的合理性或可信性显然不能根据同样的标准来判断，让我们来当即承认，要找到一个判断它的标准非常困难。如果这件事情发生了，它就是地球历史中的中心事件，整个地球历史讲述的都是这个故事。……在历史的基础上证明道成肉身确实发生了，比在哲学的基础上证明它发生的可能性更容易一些，因为，要想从历史的角度对耶稣的生活、教导、影响作出一个比基督教更容易理解的解释是非常困难的。耶稣若不是真正的上帝，蕴藏在他的神学教导背后的必定是极度的狂妄自大。但是，这与他的道德教导的深刻、明智、(我还要加上说)敏锐相互矛盾，这种矛盾从来没有人作出过令人满意的解释。

——选自《神迹》

12 月 26 日

灵魂的识别标志

每个灵魂的识别标志也许是遗传和环境的产物，但这只意味着遗传和环境也在上帝用以创造灵魂的工具之列。我现在考虑的,不是上帝怎样,而是上帝为什么,使每一个灵魂都是独特的。如果他没有给所有这些差别安排用场,我不明白他为什么不创造一个而要创造多个灵魂。相信这一点:你个性中的一点一滴对上帝来说都绝非神秘,将来有一天对你来说也不再神秘。如果你从未见过钥匙,钥匙模子对你来说是件奇怪的东西;如果你从未见过锁,钥匙本身是件奇怪的东西。你的灵魂长着一副奇怪的形状,因为,它是一个空洞,是要用来适合神圣物质无限的轮廓中一个具体的隆起部分;也可以说它是一把钥匙,用来开一幢里面有很多套房子中的一扇门。因为将要得救的不是抽象的人,而是你——个体的读者:约翰·斯塔伯斯,詹妮特·史密斯。作为蒙福、幸运的受造物,你的目光,不是其他人的目光,将注视着上帝。如果你愿意让上帝充分行出他的旨意,凡是你的一切(罪除外)都注定会得到彻底的满足。布劳肯幽灵"在每个男人看来都像是他的初恋情人",因为她是个骗子。但是,上帝在每个灵魂看来都像是它的初恋情人,因为他确实是。将来你在天国中的位置就像是为你,单独为你准备的,因为你当初是为这个位置准备的,一点一滴地准备的,就像手套一针一针是为手编织的一样。

——选自《痛苦的奥秘》

一个新的秘密的名字

你渴望的东西会召唤你,让你离开自我。甚至只有在放弃自我时,你的这份渴望才会存活下来。这是终极的法则:种子必须先死去然后才能复活,善行必须不图报答,失去灵魂将得着灵魂。但是,种子的生命、善行的回报、灵魂的复得,与当初的牺牲一样,同是真实的。因此,对天国的这种看法是正确的:"天国里没有所有权,天国里若有人胆敢称某个东西是他自己的,他会立即被推出去下地狱,变成一个邪灵。"但是,《圣经》中也这样说到:"得胜的,我必将……赐他一块白石,石上写着新名,除了那领受的以外,没有人能认识"(《启示录》2:17)。还有什么比这个新名字更属于人自己呢? 这个新名字甚至在永恒之中也仍然是个秘密,只有上帝和人自己知道。我们怎样来理解这种秘密性? 毫无疑问,它意味着,每个得救的人永远都比其他受造物更清楚地了解、更好地赞美神圣之美的某个方面。上帝创造出个体,如果不是因为他在无限地爱所有人的同时也以不同地方式爱每个人之外,还能有什么其他原因? 这种不同只会使所有蒙福的受造物彼此间的相爱、圣徒之间的交通充满意义,而绝不会损害他们之间的相爱、交通。如果所有人都以同样的方式经历上帝,以同样的崇拜来回报他,教堂里欢庆胜利的歌声中就不会有交响乐,那就像一支管弦乐队,所有的乐器都演奏同样的音符。

——选自《痛苦的奥秘》

12 月 28 日

从幸福的源头畅饮幸福

当人类灵魂在自愿顺服上达到与无生命的受造物机械的顺服同等的程度时,他们就会拥有无生命的受造物的荣耀,或者毋宁说,更大的荣耀,大自然也只是这更大荣耀的第一幅素描。你千万不要以为,我在倡导异教有关人被吸收进大自然的观念。大自然不是不朽的,我们将比大自然活得更久,当所有的日月星辰都已逝去,你们每个人仍将活着。大自然只是形象、象征,但它是《圣经》欢迎我来使用的象征,我们受到召唤去途经它,超越它,进入它不时反射的光辉之中。

在那里,在大自然之外,我们将吃生命树上的果实。现在,如果我们已经在基督里重生,我们里面的灵就直接依靠上帝而活。但我们的思想,还有身体,从很远的地方——通过我们的祖先、食物、自然环境——从上帝那里获得生命。我们现在所称的身体的快乐,是上帝在创造万有之时,他的创造性的狂喜注入在物质中的那些能量产生的遥远的微弱的结果。即便经过这样的过滤,这些快乐也还是太多,我们现在无暇顾及。这条溪流的下游尚且证明了是如此地令人陶醉,我们若是回到它的源头去畅饮,那会是什么样子?然而我相信,那就是我们未来的情景——整个人类都将从幸福的源头畅饮幸福。正如奥古斯丁所说,得救灵魂的狂喜将"满溢",流进已被升华的身体当中。

——选自"荣耀的重负"(《荣耀的重负》)

12月29日

献给上帝创造界的赞歌

我刚才谈到拉丁语的拉丁特色,这个特色在我们今天看来比过去罗马人更清楚,英语的英国特色也只有那些同时也懂其他语言的人才听得出来。以同样的方式、因为同样的原因,只有超自然主义者才能真正看见自然。你必须与自然稍微拉开一点距离,然后转身后看,那时真实的风景才会最终呈现在你眼前。你必须先品尝到来自这个世界之外的纯净水(不管多么简单地品尝),然后才能清楚地意识到自然的水流中那种强烈的咸辣味。把大自然当作上帝,或把大自然当作一切,你就会失去大自然全部的精髓和快乐。走出来,往后看,你会看到……熊、婴儿、香蕉,数目多得惊人;看到原子、兰花、橘子、恶性肿瘤、金丝雀、跳蚤、毒气、龙卷风、癞蛤蟆,如洪水过度泛滥。你怎么可能把这看成是终极实在,怎么可能把它看作只是一个舞台布景,在这里上演着男人和女人的道德剧？大自然就是大自然,既不要崇拜她,也不要轻视她,而是去结识她,了解她。如果我们是不朽的,而自然(像科学家告诉我们的那样)注定要衰老死亡,那么,我们将来会失去这位半腼腆半浮华的受造物、女妖魔、顽皮女孩、不可救药的小妖精、哑巴女巫。然而神学家告诉我们,她将和我们一样得到救赎。"虚荣"是她所患的疾病,曾使她受其摆布,但"虚荣"不是她的本质。她在性格上将得到治疗,而不是驯化(上天不容!)或者绝育。我们将仍然能够认出我们这位过去的敌人、朋友、玩伴、养母,她被变得完美,不是更不像她自己,而是更像她自己。那将是一次愉快的相见。

——选自《神迹》

12 月 30 日

天国的狂欢

个性这个金苹果抛到假神当中就成了让他们产生不和的苹果,因为他们都争相抢夺它。他们不知道神圣比赛的第一条规则,那就是,每个选手必须用一切办法触摸到球,然后立刻把它传出去。球被发现在你的手中,你就犯了一个错误,紧抱着球不放就是死亡。但是，当球在选手中间目不暇接、快速地传来传去，至高的主亲自领导这场狂欢，在创造中把自己永恒地赐予了受造物，然后又在道的牺牲中将自己归回了自己时，①这场永恒的舞蹈才真正"使天国沉醉在和谐当中"。我们在尘世上所知道的一切痛苦和快乐，都是这场舞蹈动作开始的前奏，但舞蹈本身与此世的痛苦绝不相容。当我们接近它永恒的节奏时，痛苦和快乐沉得比布罗肯山②还要深。舞蹈中有幸福，但舞蹈不是为了幸福而存在，甚至不是为了善或爱而存在。它是爱本身，善本身，因而是幸福的。它不是为了我们而存在，但我们是为了它而存在。

——选自《痛苦的奥秘》

12 月 31 日

荣耀是光明、光辉和灿烂

这让我想到了荣耀的另外一层意思，即，光明、光辉和灿烂。我们将像太阳那样发光，将被赐予晨星。我想，我开始

---

① 基督教的上帝是三位一体的上帝，即，一个本体三个位格（圣父、圣子、圣灵）的上帝。"道"指的是圣子。道成肉身，来到世间，为世人的罪被钉死在十字架上，作了牺牲，三天后复活，升天，回到圣父身边。

② 布罗肯山（Brocken）是德国中部最高的山脉，拥有很多神话与传说，有巫婆山之称。

明白了它的含义。当然,从一种角度说,上帝已经赐给了我们晨星:如果你早起,在很多晴朗的早晨,你可以欣赏到上帝赐给我们的礼物。你可能会问,我们还需要什么别的吗?是的,我们的要求远远超出了这点。我们所要的东西,美学的书籍几乎忽略,诗人和神话却熟知。我们不仅想要看见美(上天知道,哪怕仅此一点就已经是足够慷慨的馈赠了),我们还想要某个难以用言语表达的东西——与我们看见的美合一,进到它里面,接受它到我们的体内,沐浴在其中,成为它的一部分。所以,我们让空中、地上、水里充满了男神、女神、仙女、小精灵,虽然我们实际上并不能做到这点,但这些观念的投射可以在自身中享受到美、魅力和力量,自然是这种美、魅力和力量的反映。诗人们告诉我们美丽动听的谎言,原因也在此。在他们的诗中,西风仿佛真的能够吹进一个人的灵魂,实际上它并不能;他们告诉我们,"喃喃低语中产生的美"会转移到人的脸上,实际上它不会,或者还没有转移到。因为,如果我们把《圣经》中的比喻都视为真实的,如果我们相信上帝将来有一天会赐给我们晨星,让我们披戴太阳的光辉,那么,我们就可以推测:无论是古代的神话还是现代的诗歌,尽管它们与历史一样充满谬误,但它们也可能和预言一样非常接近真理。现在我们位于那个世界的外面,在门的错误的一侧。我们察觉到了早晨的清新和纯净,但它们不能使我们清新纯净,我们不能与见到的壮丽景色融为一体。但是,《新约》的每一页都在向我们喃喃低语,告诉我们情况不会永远是这样,将来有一天,在上帝愿意的时候,我们将进到那扇门里面。

——选自"荣耀的重负"(《荣耀的重负》)

图书在版编目(CIP)数据

聆听智者:与C.S.路易斯相伴365日/(英)路易斯(Lewis, C.S.)著;何可人,汪咏梅译.
--修订本.--上海:华东师范大学出版社,2015.3
　　ISBN 978-7-5675-2889-5

Ⅰ.①聆… Ⅱ.①路…②何…③汪… Ⅲ.①人生哲学—通俗读物 Ⅳ.①B821-49

中国版本图书馆CIP数据核字(2014)第307380号

华东师范大学出版社六点分社

企划人　倪为国

路易斯著作系列

聆听智者：与 C. S. 路易斯相伴 365 日

著　者	(英)C.S.路易斯
译　者	何可人　汪咏梅
责任编辑	倪为国
封面设计	姚荣

出版发行　华东师范大学出版社
社　址　上海市中山北路3663号　　邮编　200062
网　址　www.ecnupress.com.cn
电　话　021-60821666　　　　行政传真　021-62572105
客服电话　021-62865537(兼传真)
门市(邮购)电话　021-62869887
地　址　上海市中山北路3663号华东师范大学校内先锋路口
网　店　http://hdsdcbs.tmall.com

印 刷 者　上海中华印刷有限公司
开　本　787×1092　1/32
插　页　4
印　张　13
字　数　180千字
版　次　2015年3月第2版
印　次　2025年3月第5次
书　号　ISBN 978-7-5675-2889-5/B·902
定　价　58.00元

出版人　王焰